Don't forget
to
feed your
cat

可嘉／编著

猫咪美食
轻松搞定

中华工商联合出版社

图书在版编目（CIP）数据

猫咪美食轻松搞定 / 可嘉编著. -- 北京：中华工商联合出版社，2018.5

　ISBN 978-7-5158-2259-4

　Ⅰ.①猫… Ⅱ.①可… Ⅲ.①猫－饲料 Ⅳ.①S829.35

　中国版本图书馆CIP数据核字（2018）第070771号

猫咪美食轻松搞定

作　　者：可　嘉
策划编辑：付德华
责任编辑：楼燕青
插 画 师：孙傲然
封面设计：周　源
责任审读：李　征
责任印制：迈致红
出版发行：中华工商联合出版社有限责任公司
印　　刷：北京毅峰迅捷印刷有限公司
版　　次：2018年6月第1版
印　　次：2018年6月第1次印刷
开　　本：710mm×1000mm　1/16
字　　数：100千字
印　　张：11
书　　号：ISBN 978-7-5158-2259-4
定　　价：36.00元

服务热线：010-58301130
销售热线：010-58302813
地址邮编：北京市西城区西环广场A座
　　　　　19-20层，100044
http://www.chgslcbs.cn
E-mail: cicap1202@sina.com（营销中心）
E-mail: gslzbs@sina.com（总编室）

从现在开始，
学习自制宠物美食！

俗话说："民以食为天。"对于我们的宠物宝贝们来说也是如此。对于很多家庭来说，其实猫咪、狗狗已然成为家庭中的一员。

然而，面对市场上琳琅满目的昂贵的猫粮、狗粮以及各种罐头，有时候我们也会怀疑，这些食物对猫咪、狗狗来说究竟是不是最好的？它们的原料是否真的能保证都是最新鲜的？它们的安全性是不是真的得到保障了？它们的营养配比是否真如包装袋上所描述的一般无二？进口的猫粮、狗粮是否从正规渠道获得？以前习惯了的品牌有时候断货，自己又不知该选择其他何种品牌？不断上涨的猫粮、狗粮价格或许有些承受不起了？等等。

面对如此多的质疑声，很多主人们开始动起了亲自为猫咪、狗狗做美食的想法。非常棒！这里应该给有这种想法的主人们一点掌声，因为你们真的是深爱着自己的宠物。但是又有一些人开始望而却步了。因为他们担心制作美食的过程会很烦琐，自己制作的美食是否能得到猫咪、狗狗的青睐，更重要的一点是自己的随意搭配能否满足猫咪、狗狗每天的营养需求。

其实，主人们的担心是完全没有必要的。

首先，我们这套书中所介绍的美食都非常简单易学，还有各种版本的"懒人饭"，有的只需2~3分钟，一款美食便能新鲜出炉哦！不信？！您随便翻几页看一下便知。而且里面绝大部分的美食是主人和宠物宝贝们可以一起分享的。所以，很多时候，我们在做晚餐时，一式两份或一式三份就搞定了，不需要主人们再额外花时间和精力去做。

其次，我们选用的食材都是营养丰富、常见的天然新鲜食材。如此，在源头上，我们便让猫咪、狗狗的美食比猫粮、狗粮的原材料选择上要新鲜、安全、靠谱得多。更何况，其中有很多食材利于猫咪、狗狗美毛，在增强体质、提高免疫力等方面有着很不错的食补功效。

最后，本书还就不同猫咪、狗狗的年龄及体质问题提供了不同的美食方案。针对需要减肥的猫咪、狗狗，我们有专门的瘦身减肥餐；针对需要催奶的猫妈妈、狗妈妈们，我们会提供专门的补钙食物和催乳汤汁；针对特殊的节日，我们还设计了节日餐，能和猫咪、狗狗一起"举杯欢庆"。在每一道美食中，我们通常会搭配两种以上的食材，以保证猫咪、狗狗的营养均衡，而且我们也会规避一些猫咪、狗狗不能吃的食物和调料，进而保证猫咪、狗狗的饮食安全。

当然，除了上面这些，我们在书中还列出了一些小知识和需要注意的要点，以便主人们更好地认识和养育我们的猫咪、狗狗。

然而，还是会有一些人说猫咪、狗狗应该吃猫粮、狗粮比较好。当然，萝卜白菜各有所爱。但是，主人们不妨试想一下，每天让你吃同样的一道饭菜，你的心情会如何？要是换成我，那一定是个噩梦，更何况猫咪、狗狗呢？只是它们不会说而已，但是它们一定会举双手双脚赞同你要给它们做美食的想法和做法的。如果不太确定，你也可以先挑选着做几道美食给你的爱宠尝一尝，看看它们的反应。

所以，亲爱的主人们，赶紧动起手来，给猫咪、狗狗换一个好心情吧！相信不久的将来，你会发现自己的猫咪、狗狗的身体变得越来越棒，身材也越变越好，你们的感情也越来越亲密！

自制猫咪美食可选用的食材

肉类、蛋类	牛肉、猪肉、鸡肉、鸭肉、羊肉、蛋等
鱼　类	鳕鱼、三文鱼、金枪鱼、鲈鱼、杂鱼干、鲑鱼等
蔬菜水果类	胡萝卜、南瓜、番薯、萝卜、芜菁、西蓝花、卷心菜、黄瓜、柿子椒、土豆、西红柿、枸杞子、茄子、牛蒡、白菜花、芽菜、莲藕、豌豆、四季豆、白菜、金针菇、香菇、芹菜、生菜、菠菜、蓝莓等
谷物类	大米、小米、糙米、面条、通心粉、意大利面、燕麦、红豆等
乳制品类	无盐芝士、纯酸奶、白干酪、猫咪专用奶粉、羊奶等
油类及其他配料	亚麻籽油、香油、橄榄油、三文鱼油、罗勒、苜蓿、猫薄荷、啤酒酵母等

目 录

点 心 001

牛肝奶味饼·金枪鱼棒冰·薄荷酸奶·奶
香果冻·三文鱼丸·燕麦三文鱼片·三
文鱼饼干·奶香饼干·牛肉小饼·紫薯鸡蛋卷·紫薯鸡肉丸·芝士鸡
肉球·猪肉虾仁小丸子·鳕鱼土豆饼·土豆泥虾饼·小鱼干·牛肉
脯·干白酪

鱼虾类 031

三文鱼拌饭·三文鱼鸡肉鱼子饭·烤三
文鱼串·鱼肉松·鱼肉松面包·龙利鱼
拌饭·三鲜饭·草鱼泡饭·鲜蔬金枪鱼拌饭·清蒸鳕鱼拌饭·鳕鱼炖
豆腐·鳕鱼蔬菜泡饭·清蒸蔬菜鲈鱼·鲈鱼杂粮粥·番茄豆腐鱼汤泡
饭·鱼豆腐拌饭·虾皮粉拌粥·鲜虾蛋炒饭·鲜虾鸡蛋卷·青菜鲜虾
牛肉面

鸡肉和鸭肉 065

鸡排拌饭·豆腐西蓝花鸡肉碎·奶炖红薯鸡肉粥·彩色鸡肉卷·南瓜萝卜鸡肉饭·鸡肉蛋炒饭·鸡肉鸡肝鲜蔬泡饭·鸡肉沙拉·芦笋炖鸡肉·鸡肝拌饭·茄汁鸡肉丸·鸡丝凉面·鸡汤泡饭·鸡肉饼·鸭肉茄子拌饭·鲜蔬鸭肝粥·白干酪鸭胸沙拉·鸭肉卷·鸭肉南瓜杂粮饭·菠菜鸭肉面

猪　肉 093

鲜蔬猪肉·猪肉木鱼花饭·果蔬肉酱粥·红薯焖猪肉饭·土豆胡萝卜炖猪肉猪心·茄子猪肉饭·猪肉馅饼·猪肝菠菜拌猫粮·土豆焖猪肉·烤肉串·柿子椒猪柳·猪肉果蔬沙拉·猪肉西红柿面·排骨白玉汤泡饭·猪肉鳕鱼鸡蛋羹·猪肉莲藕饼

牛　肉.....................................113

肥牛卷心菜拌饭·土豆南瓜蒸牛肉·燕麦牛肉酱·鲜蔬炖牛肉·鲜蔬炖牛肉盖饭·爱心大杂烩·牛肉丸·牛肉面包拌猫粮·牛肉煎茄子·鸡蛋牛肉羹·牛肉煎苹果·牛肉生菜沙拉·牛心拌饭·牛腰拌饭·牛肉杂粮饭·牛肉炒鹅肝·燕麦牛肉拌饭·牛肉四季豆炒饭

特　养.........................139

鱼肉鲜虾水饺·杂粮鳕鱼汤圆·大肉粽·鸡肉红薯月饼·牛肉茄汁通心粉·冬日暖心粥·肉类暖心粥·猫咪生日蛋糕·杂粮腊八粥·鸡汤·鲫鱼豆腐汤

Set of cats

点　心

点心？猫咪们也需要吃点心吗？

当然！猫咪和狗狗一样。当它们认真地做着我们要求的动作时，当它们表现良好时，点心都是一种很棒的奖励方式。点心还可以快速增进我们和猫咪之间的感情。有的点心还能起到给猫咪磨牙洁齿的功效哦！

接下来，我们在这一章里将给大家介绍几款猫咪们爱吃的小点心，都是简单易学的哦！主人们，是不是已经在摩拳擦掌，准备跃跃欲试了呢？那么，别犹豫了，动起手吧！

牛肝奶味饼

感觉牛肝里都散发着浓浓的奶香味儿呢，猫咪们能不爱吗？

材料：

牛肝	1块	猫咪专用奶粉	2勺
鸡蛋	1个	无盐干酪	1片
面粉	适量	水	适量

做法：

1. 将牛肝切花刀后洗净，切成小碎丁，装盘备用。

2. 打入鸡蛋，放入奶粉、适量的水和面粉，搅拌均匀，成湿性面团。

3. 将面团擀成面饼后放入刷了油的烤盘，将撕碎的干酪洒在上面。

4. 放入预热好的烤箱，上下火，150摄氏度，烤30分钟。

5. 放凉，掰成小块后，取适量给猫咪吃。

关于牛肝的小知识

　　肝脏是动物体内储存养料和解毒的重要器官，含有丰富的营养物质，具有营养保健功能，是最理想的补血佳品之一。

　　牛肝属于高蛋白食物，猫咪可以吃。但是，不要过量。建议一周或者半个月给猫咪吃一次牛肝。

猫咪年龄对照表

猫的年龄	1个月	6个月	1岁	3岁	5岁	6岁
人的年龄	1岁	10岁	17岁	24岁	32岁	36岁
猫的年龄	8岁	10岁	12岁	14岁	16岁	17岁
人的年龄	44岁	52岁	60岁	68岁	76岁	80岁

金枪鱼棒冰

炎炎夏日，给猫咪吃这道带有鱼味的点心，它们一定会美得不行呢！顺便往里面加点猫咪们最爱的调料之———猫薄荷吧！一定会让猫咪们感受到前所未有的清凉。

材料：

猫咪专用的金枪鱼罐头	1罐
猫薄荷	1片
凉开水	适量

做法：

1. 将鱼罐头打开后，鱼肉连带汤汁一并倒入一个干净的大碗中，在罐头里加满一罐凉开水后，倒入大碗中。

2. 将碗里的鱼肉捣碎后，撒入洗净、切碎的猫薄荷，搅拌均匀。

3. 将所有食材倒入一个塑料制冰格中，放入冰箱冷冻成冰块。

4. 每次拿出一块给猫咪吃。

小贴士

🐾 猫薄荷的量只需一点点即可，建议每次猫咪不要食用超过小指甲盖大小的量。

🐾 每次制作此款美食时最好选择小罐头即可，如果一次做太多，猫咪长时间吃不完，容易滋生细菌。

🐾 棒冰属于寒凉食品，不宜让猫咪多吃，特别是肠胃不好的猫咪，尽量不要吃。

薄荷酸奶

猫薄荷搭配爽口的酸奶，这个夏天仿佛如秋天般清爽！

材料：

猫薄荷	1／2片
无糖酸奶	1杯

做法：

1. 将猫薄荷洗净。
2. 把猫薄荷和酸奶一并放入料理机打成泥。
3. 盛出后，便可给猫咪吃。

小贴士

🐾 无糖酸奶可以用原味酸奶代替，如果主人经常自制酸奶的话，也可以用自制酸奶代替。

🐾 薄荷酸奶里也可以加入一些无盐奶酪、金枪鱼、三文鱼等，从而为猫咪增加一些不同的口味。

奶香果冻

此种美食不像棒冰那般硬邦邦的，而是软软的、滑溜溜的，口感也是棒极了哦！

材料：

猫咪奶粉	2勺
温开水	100毫升
吉利丁片	1片

做法：

1. 将猫咪奶粉用温开水冲泡，搅拌均匀，使其充分溶解。
2. 将吉利丁片放入凉开水中泡一两分钟后，将水倒掉，并把泡软的吉利丁片倒入猫咪奶中搅拌至完全融化。
3. 将猫咪奶倒入冰块模具中，待放凉了以后，再将其放入冰箱冷藏5小时左右。
4. 捏成适合猫咪吃的小碎块后，再给猫咪吃。

小贴士

🐾 一定要将果冻捣碎后再给猫咪吃，防止猫咪不小心被噎着。

🐾 可以在果冻里面加一点猫咪爱吃的水果，但一定要切得碎碎的哦！

🐾 也可以加入一点点猫薄荷。

🐾 根据自家猫咪的饮食状况而定，一次不要制作太多，按两三顿可吃完的量做即可。

关于猫薄荷的小知识

猫薄荷是一种草本植物，天然有股清凉的气味。

据说大概有50％的猫咪对该气味有着浓厚的兴趣。很多猫咪食用后会产生暂时性的反常行为：眼神迷离、打喷嚏、翻滚、转圈、流口水、喵喵叫等。因为它里面释放出的化学物质能刺激猫咪的费洛蒙，使猫咪产生幻觉，变得兴奋。

主人们不用太过担心，猫薄荷的作用很短暂，既不会令猫咪上瘾，也不会有副作用。

但是，有以下几点需要主人们注意哦！

1. 不要频繁地给猫食用。因为食用过于频繁，猫对这种气味就不敏感了。

2. 避免猫咪过量食用。这样会刺激猫咪的呼吸系统，导致它们呼吸困难。

3. 8个月猫龄以下的幼猫最好不要食用。

三文鱼丸

当猫咪们乖乖地听话的时候，扔一个三文鱼丸给它们，它们一定会高兴地欢叫起来。

材料：

三文鱼罐头	1个	鸡蛋	2个
面包屑	适量	酵母	3克

做法：

1. 将鸡蛋打散后，加入三文鱼、面包屑和酵母搅拌均匀。

2. 把食材揉搓成一个个小丸子，放到刷了油的烤盘上。每个丸子间格2～3厘米的距离。

不同年龄猫咪的喂养次数

猫龄	喂养次数
出生3个月内	3～4次
出生4个月～1岁	2～3次
1～7岁	1～2次
7岁以上	2～3次

3. 将烤盘放入已经预热好的烤箱中，上下火，160摄氏度，烤15分钟，直至丸子变成金黄色即可。

4. 放凉后，再给猫咪吃。剩下的丸子装在密封的保鲜盒中，放入冰箱冷藏或冷冻保存。

关于猫咪喂养的注意小知识

1. 固定猫咪的食盘，不要随便更换。猫咪对食盘的变换很敏感，有时它们会因为换了食盘而拒绝食用。

2. 要保持食盘的清洁。最好每天清洗一次猫咪的食盘，以防有一些残留的食物变质，从而导致细菌滋生。

3. 喂食要定时、定点、定量。最好能定时、定点、定量地喂养猫咪，从而让它养成良好的饮食习惯。不要随意打破这个习惯。

4. 注意喂食食物的温度。猫咪喜欢食用温温的食物。太烫或太冷的食物对猫咪来说都不太好。从冰箱内取出的食物，一定要注意热透了，放温后，再给猫咪吃。

关于猫咪舌头的小秘密

为什么我们的菜谱中通常都会说，将食物"放凉后再给猫咪吃"呢？

这是因为猫咪怕烫，不能吃太烫的食物。食物的温度最好相当于或小于动物的体温，也就是在40摄氏度以下为宜。我们书中所指的"凉"为30摄氏度左右。

所以，为了保险起见，我们给猫咪喂食时最好放凉到30摄氏度左右，这样就可以放心地让猫咪狼吞虎咽地享受美食的同时不被烫伤了。

燕麦三文鱼片

吃了不会发胖的美食哦！猫小姐们是不是已然心动了呢？

材料：

蛋黄	2个	三文鱼	1小块
燕麦片	适量	植物油	适量

做法：

1. 将鸡蛋打散，搅拌均匀。

2. 将三文鱼切成片后，蘸上鸡蛋液，再裹上一层燕麦片。

3. 将裹了燕麦片的三文鱼片放到垫有锡纸的烤盘上，放入已经预热好的烤箱，上下火，170摄氏度，烤15分钟。

4. 放凉后，切成小块给猫咪吃。

三文鱼饼干

鲜美的三文鱼，不仅美毛补钙效果好，还富含蛋白质，能维持钾钠平衡，锁住毛毛里的水分哦！爱美的猫咪一定想着要多吃几口呢！

材料：

三文鱼	1小块
低筋面粉	适量
鸡蛋	1个

做法：

1. 将三文鱼洗净，切成小块，放入料理机打成泥备用。
2. 鸡蛋打散，加入低筋面粉和三文鱼泥，揉成面团。
3. 将揉好的面团静置30分钟后，擀成0.5厘米的面片，并用饼干模具压出喜欢的形状，放入放有锡纸的烤箱。
4. 烤箱上下火，180摄氏度，烤25分钟左右至表面上色。
5. 放凉后，再密封保存，随吃随取。

关于猫咪零食点心喂养的小知识

零食点心是喂养猫咪的过程中不可缺少的。它可以让我们的猫咪变得更加乖巧，学会各种技能，但是在喂养猫咪零食点心时，主人们需要注意以下几点。

1. 相较于狗狗来说，贪吃的猫咪们更挑食。所以，主人们平时需要留心，在制作时可以将一些猫咪不喜欢吃的食物切得碎碎的混入其中，尽量让它们无法挑剔。

2. 不要因为猫咪喜欢吃某一款零食点心，便无节制地喂食它们。毕竟零食点心只是对猫咪起到补充能量的作用，并不能代替主食。

3. 通常我们可以在午后2～3点进行。这样已经吃过午饭的猫咪可能还不是特别饿，不会吃太多，而且也不会影响晚饭的进食。

4. 在喂食的时候可以适当地让猫咪学一些技能，比如握手技能、接食物技能等。

奶香饼干

吃过这种美味的饼干，猫咪们肯定会吵着再来一份。

材料：

面粉	1杯	大豆粉	1／4杯
猫咪专用奶粉	1／3杯	鸡蛋	1个
水	适量		

做法：

1. 将所有的食材放进一只大碗里，搅拌成光滑的面团。

2. 将面团放在案板上，撒上适量的面粉，将其擀成0.5厘米厚的面皮。

3. 用卡通模具压出各种图案，然后将其放入刷了油的烤盘上。

4. 将烤盘放入已经预热好的烤箱，上下火，160摄氏度，烤20分钟。

5. 放凉后再给猫咪吃，剩下的饼干装入密封盒保存。

牛肉小饼

除了鱼点心，肉点心也是猫咪的最爱哦！试着做一道牛肉小饼吧！

材料：

小麦胚芽　　　1／2杯　　　　猫咪专用奶粉　　1／2杯

蜂蜜　　　　　1勺　　　　　　婴儿吃的牛肉泥　1小罐

做法：

1. 把小麦胚芽、奶粉、蜂蜜放入碗中，搅拌均匀。

2. 将牛肉泥倒入碗中，搅拌均匀。

3. 将食材揉搓成小圆球，然后再轻轻地压成饼状，放在刷了油的烤盘上。

4. 将烤盘放入已经预热好的烤箱中，上下火，160摄氏度，烤15～20分钟。

5. 放凉后再给猫咪吃，剩下的小饼装入密封盒保存。

紫薯鸡蛋卷

紫薯具有防癌抗癌、促进胃肠蠕动、减肥瘦身、增强免疫力等作用。让我们和猫咪一起开始减肥大计吧！

材料：

鸡蛋	2个
紫薯	1个
面粉	20克

做法：

1. 将紫薯去皮，洗净，切成小块，隔水蒸熟。

2. 把紫薯晾凉后用勺子压成泥备用。

3. 将鸡蛋打散，倒入面粉，搅拌均匀。

4. 锅里刷一层油，倒入蛋液，转动锅，烙成一张薄饼。

5. 将鸡蛋饼放在案板上，把紫薯泥均匀地摊在鸡蛋饼上，卷成蛋卷后，用刀切成小卷即可。

紫薯鸡肉丸

看着紫色的小球球，好吃又好玩，猫咪会不会感兴趣得走不动道了呢？主人们，赶紧给它们扔几个吧！

材料：

紫薯	2个	鸡胸肉	1块
鸡蛋	1个	卷心菜	4片
玉米粉	2勺	羊奶粉	2勺

做法：

1. 将鸡胸肉和卷心菜洗净，用料理机将鸡胸肉打成肉泥，卷心菜切碎，装盘备用。

2. 将紫薯去皮、洗净后，蒸熟，用勺子压成泥，倒入装着鸡胸肉和卷心菜的盘中。

3. 加入打散的鸡蛋液、玉米粉和羊奶粉，搅拌均匀。

4. 将上述食材捏成小肉丸，放入蒸锅蒸20分钟。

5. 蒸好后，取适量放凉的鸡肉丸，切成小块后给猫咪吃。将多余的食物用保鲜盒装好后放入冰箱冷冻。

小贴士

🐾 所有食材应根据猫咪吃的量来决定。

🐾 给小猫吃的食材需要剁碎一些。

🐾 多吃蛋黄对于猫咪毛色的生长很有帮助。但有些猫咪的肠胃比较脆弱，不太容易吸收蛋白，针对此类猫咪，可单独给它们吃蛋黄即可。

🐾 没有羊奶粉或者猫咪不喜欢吃，可以不放羊奶粉。

🐾 如果没有玉米粉，也可不放。

芝士鸡肉球

浓浓的芝士味包裹着香香的鸡肉，猫咪们一定早就闻着味儿赶来，迫不及待地要尝尝这道美味的点心了。不过，主人们，记得要适量哟，不然猫咪们就有可能会变得胖胖的哦！

材料：

鸡胸肉	1块	鸡蛋	1个
燕麦片	适量	低盐芝士片	2片

做法：

1. 将鸡胸肉洗净，放入料理机打碎后，装盘备用。
2. 加入打散的鸡蛋液和燕麦片，搅拌均匀。
3. 将食材捏成小丸子，放在垫有锡纸的烤盘上。
4. 放入已经预热好的烤箱，上下火，180摄氏度，烤20分钟至表面呈金黄色。
5. 将芝士片切成小块放在鸡肉球上，烤箱调至150摄氏度，再烤5分钟即可。
6. 放凉后再给猫咪吃。将多余的食物用保鲜盒装好后放入冰箱冷藏。

猪肉虾仁小丸子

Q弹的虾肉配上猪肉的香味，吃到停不下来的节奏呢！

材料：

猪肉馅	150克	鲜虾	10只
胡萝卜	1／3根	鸡蛋	1个
面粉	适量		

做法：

1. 将胡萝卜洗净，切成碎末，装盘备用。

2. 将鲜虾去头、去壳、洗净，切成碎末后，连同猪肉馅一并倒入盘中。

3. 打入鸡蛋，加入面粉，搅拌均匀。

4. 将食材捏成小丸子的形状，放入盘中，隔水蒸10分钟即可。

5. 晾凉后，再给猫咪吃。将多余的食物用保鲜盒装好后放入冰箱冷藏。

鳕鱼土豆饼

"主人，你做的这道美食太鲜美了，我一口吃俩都没问题呢！"

材料：

鳕鱼	1块
土豆	1个
胡萝卜	1／2根

做法：

1. 将土豆、胡萝卜洗净，切成小碎丁。
2. 鳕鱼洗净后，隔水蒸熟，剔除鱼骨，捏碎。
3. 将所有食材搅拌在一起，搅拌均匀后，捏成小饼。
4. 上锅隔水蒸20分钟即可。
5. 晾凉后，再给猫咪吃。将多余的食物用保鲜盒装好后放入冰箱冷藏。

土豆泥虾饼

猫咪小宝宝们也喜欢吃的土豆虾饼哦!

材料:

鲜虾	20只	土豆	2个
胡萝卜	1／2根	鸡蛋	2个
橄榄油	适量		

做法:

1. 将土豆、胡萝卜去皮、洗净,切成小块。
2. 将虾去头、去壳、洗净。
3. 把土豆、胡萝卜、虾放入料理机打成泥后,倒入盆中。
4. 打入鸡蛋,搅拌均匀。
5. 在电饼铛上刷上一层薄薄的油,将食材捏成小饼后,放入电饼铛,煎至两面金黄即可出锅。
6. 切成小块后,再给猫咪吃。将多余的食物用保鲜盒装好后放入冰箱冷藏。

小 鱼 干

想给猫咪们添点别的点心不？小鱼干一定会让它们两眼放光的。要知道，网上卖的小鱼干终究敌不过主人们的一片心呦！

材料：

小鱼　　　　　　　　适量

做法：

1. 把小鱼去除内脏后，清洗干净。

2. 充分晾干水分后，放入已经预热好的烤箱，上下火，120摄氏度，烤15分钟成鱼干即可。

3. 晾凉后，放入密封盒保存，随吃随取。

小贴士

🐾 如果是用特别小的鱼做鱼干，可不需要清理内脏。

🐾 烘烤时间根据鱼的大小及烤箱的情况而定。

🐾 尽量不要给猫咪喂食人类吃的鱼干。因为它里面含盐量太高，而且还有多种添加剂和调味料，对猫咪的身体不好。

牛 肉 脯

　　猫咪们，不要总是一副狼吞虎咽的样子，牛肉脯是越嚼越香哦！

材料：

牛肉	适量	玉米淀粉	适量
芝麻	适量		

做法：

1. 将牛肉洗净，切成小块后，放入料理机打成肉泥，装盘。
2. 加入玉米淀粉后，搅拌均匀。
3. 将肉泥放入装有锡纸的烤盘中，覆上保鲜膜，用擀面杖将其擀平整。
4. 拿掉保鲜膜后，将烤盘放入预热好的烤箱，上下火，170摄氏度，烤15～20分钟。
5. 取出烤盘，将肉饼翻面后，撒上少许芝麻，再放入烤箱烤10分钟。
6. 将肉饼取出后，切成适合猫咪吃的小块，晾凉后再给猫咪吃。
7. 多余的食物装入密封盒保存。

干 白 酪

材料：

牛奶　　　　　　　1000毫升
柠檬汁　　　　　　适量

做法：

1. 将牛奶用小火煮至出现泡沫。
2. 将柠檬汁放入牛奶中，继续小火煮至出现分层现象。
3. 取出后，用纱布挤出水分即可。

关于干白酪的小知识

市面上卖的很多人类吃的干白酪大多含有的盐分都偏高，不适合猫咪食用。所以主人们可以自己亲自动手做一做这款简单的美食。

它既可以当猫咪的零食，也可以作为配料，加在猫咪的饭菜里。但是主人们也不能经常喂食猫咪干白酪，因为它的热量比较高。

做完以后，我们可以直接将它们放入冰箱冷冻，也可以将它们放入模具压实呈正方体或长方体状后，再放入冰箱冷冻。定型后拿出，切成一片片的薄片，再用小的一次性塑料袋分别装好、冷冻，随吃随取。

鱼虾类

　　是的，猫儿天生就抗拒不了鱼的诱惑。当你开始准备为猫咪做鱼类的美食时，它绝对会一直围绕着你，想马上能吃上一口的。

　　鱼虾类的食物味道很好，而且也富含各种营养物质，特别是维生素A、维生素D和各种优质蛋白质，对正在减肥的猫咪们也是一个很棒的选择，因为很多鱼和虾的脂肪含量比较低。本部分也介绍了多款鱼虾类美食供猫咪们"点餐"哦！

　　但是，主人们需要注意，长期以鱼和虾做主食，很容易使猫咪上瘾，从而变得挑食，还有可能让猫咪缺乏维生素E和维生素B_1等，建议一周最多喂3次即可。

三文鱼拌饭

新鲜出炉的三文鱼拌饭，味道一定美极了！猫咪们，准备好你们的嘴巴了吗？

材料：

米饭	1小碗
三文鱼	1小块

做法：

1. 将三文鱼洗净，隔水蒸熟后，掰成小块，装盘备用。
2. 将蒸好的热米饭盛入装有三文鱼的盘中。
3. 搅拌均匀，晾凉后再给猫咪吃。

关于猫咪所需要的
营养元素的小知识

蛋白质	猫需要的蛋白质是人体的两倍。特别是对于成长期的猫咪来说，蛋白质显得尤为重要，它是构成猫咪身体的重要的营养元素，对形成肌肉、生成激素和酶有重要作用。蛋白质可通过食用肉类和鱼类获得
类脂质	它是猫咪身体活动的能量来源，可以提高猫咪的免疫力
矿物质	它能促进猫咪骨骼的发育
维生素	它可以调节猫咪身体运转，并维持猫咪正常的生理功能

三文鱼鸡肉鱼子饭

一顿星级酒店的大餐貌似也不难，吃完顿时心情变得好好哦！

材料：

三文鱼	2块	鸡胸肉	1／2块
鱼子	1／4碗	米饭	1碗

做法：

1. 将三文鱼洗净，鸡胸肉洗净，加水直接煮熟。

2. 将鸡肉撕成鸡丝，再切几刀，以便把鸡丝切短一点。三文鱼切成小块。

3. 锅里留少量的水，把鱼子煮熟。

4. 将三文鱼、鸡肉、米饭一并倒入锅中，搅拌均匀后，盛出。

5. 晾凉后再给猫咪吃。将多余的食物用保鲜盒装好，放入冰箱冷藏。

小贴士

　　此处的三文鱼、鸡胸肉均可用自己家的猫咪爱吃的鱼和肉代替，鱼子也是。给猫咪做美食，一定要保证食材的新鲜哦！

烤三文鱼串

今天又到了吃串串的好日子，哼哼哈嘿！

材料：

三文鱼	1小块	土豆	1／2个
红彩椒	1／2个	黄彩椒	1／2个
苹果	1／2个	橄榄油	1勺
盐	少许		

做法：

1．将三文鱼洗净，切成小方块。土豆去皮、洗净，切成小方块。彩椒、苹果洗净，切成小方块。撒入少许盐。

2．将所有食材穿插着挨个串在竹签上，刷上橄榄油。

3．放在装有锡纸的烤盘上，放入已经预热好的烤箱，上下火，180摄氏度，烤制20分钟。

4．撤掉竹签后装盘，晾凉后再给猫咪吃。

小贴士

　　猫咪不是完全不可以吃盐，但是要"适度"，换句话说，就是要少吃。其实，它们的食物里最好不要添加任何调味料哦！

鱼肉松

香喷喷的鱼肉松可是百搭美食哦！

材料：

三文鱼	1块
橄榄油	1／2勺
无盐海苔	2片

做法：

1. 三文鱼洗净，锅里放水，加入三文鱼，大火将其煮至能轻松捏碎。

2. 将三文鱼捞出，晾凉，捏碎，并挑掉鱼刺。

3. 热锅倒入少许油，调成小火后，把三文鱼倒入锅里不停地翻炒，将鱼肉松炒至金黄色，口感绵软、干松了以后，将海苔剪成小碎块加入再翻炒1～2分钟即可。

小贴士

🐾 三文鱼在煮熟之后，会变得松散，很多时候我们只需要轻轻一捏就能捏成碎块。三文鱼是猫咪很喜欢吃的鱼类之一，经常食用还能改善猫咪的毛发的质量哦！

🐾 最好可将鱼肉松拌入猫咪的主食中给猫咪吃。

鱼肉松面包

其实，每次的鱼肉松都可以多做一点，这样一款一分钟就能搞定的猫咪美食就此诞生了哦!

材料:

面包片	1～2片	鱼肉松	适量
小黄瓜	1／3根	生菜	1片
胡萝卜	1／3根		

做法:

1. 将黄瓜、生菜、胡萝卜洗净、切小块，用开水焯熟后，切成小碎丁，装盘备用。
2. 将面包片切成小丁，倒入盘中。
3. 加入适量的鱼肉松，搅拌均匀即可给猫咪吃。

龙利鱼拌饭

龙利鱼也基本没有刺哦！主人们可以放心选用。

材料：

龙利鱼	1块	胡萝卜	1／2根
蛋黄	1个	米饭	1／2碗

做法：

1. 将龙利鱼、胡萝卜洗净，用水煮熟后切成细碎丁。

2. 将蛋黄蒸熟、捣碎。

3. 将胡萝卜、龙利鱼、米饭和煮熟的蛋黄拌匀。

4. 晾凉后再给猫咪吃。

三 鲜 饭

这顿饭怎么一个"鲜"字了得!

材料：

龙利鱼	1小块	鲜虾	5只
胡萝卜	1／2根	银鱼干	一小撮
虾皮干	一小撮	米饭	1／2碗

做法：

1. 将鲜虾去壳去头，洗净。将龙利鱼洗净，连同鲜虾一起焯熟。

2. 将胡萝卜洗净、煮熟，银鱼干、虾皮干用清水多清洗几遍，蒸熟。

3. 将所有食材除了米饭晾凉后，全部放入料理机打成泥。

4. 将其倒到米饭上搅拌均匀即可给猫咪吃。

小贴士

　　虾不要煮太长时间，因为煮的时间长了，肉质容易老，失去营养，而且口感也会差好多。胡萝卜则最好煮得越烂越好。

草鱼泡饭

"有了这款美食，再也不用担心吃草鱼被鱼刺卡喉咙了！"

材料：

草鱼	500克	燕麦片	20克
鸡蛋	1个	南瓜	1小块
水	适量	米饭	1／2碗

做法：

1. 将收拾好的草鱼洗净，剁成小块，南瓜去皮、洗净，切成小块，放入高压锅，加入适量的水，多压一会儿。

2. 煮熟以后，将鱼捞出，取出大鱼刺，扔掉，待凉一点后，将剩下的鱼肉放入料理机打碎。

3. 将鸡蛋打入高压锅内，搅拌，用锅里汤汁的温度将鸡蛋烫熟。

4. 取一勺蛋汤汁倒入装有燕麦片、米饭和鱼泥的盘中，搅拌均匀。晾凉后，给猫咪吃。

5. 将多余的鱼肉泥倒入锅中，搅拌均匀，等彻底晾凉后，将汤汁装入保鲜盒，放入冰箱冷藏或冷冻。

小贴士

🐾 因为草鱼的刺比较多，为了安全起见，最好将鱼肉放进料理机打碎，以防止鱼刺卡住猫咪的喉咙。

🐾 高压锅压过以后，南瓜会比较软烂，所以直接搅拌均匀即可。

🐾 如果汤汁选择冷冻，最好按猫咪一次吃的量分成几等份，分别装盒冷冻。这样随吃随取也非常方便。

鲜蔬金枪鱼拌饭

　　如果家中未备有新鲜的金枪鱼，也可以用猫咪专用的金枪鱼罐头代替哦！

材料：

金枪鱼	1块	西红柿	1／2个
黄瓜	1／3根	西蓝花	3小朵
米饭	1／2碗	橄榄油	1／2勺

做法：

1. 将金枪鱼、西蓝花洗净，放入开水中焯熟。
2. 将西红柿去皮、洗净，黄瓜洗净，切成小碎丁。
3. 将上述的所有食材拌入米饭中，淋入橄榄油，搅拌均匀即可。

清蒸鳕鱼拌饭

"吃惯了大鱼大肉，来点清淡的解解腻！嘿嘿！舔完盘子才想起来鳕鱼也是鱼哦！吃鱼果然有助于智商的提高呀！我是不是更聪明了呢？"

材料：

鳕鱼	1块	玉米粒	3勺
酱油	1勺	米饭	1／2碗

做法：

1. 将鳕鱼洗净、装盘，洒入酱油，放入烧开水的蒸锅，隔水蒸5～7分钟至筷子很容易插透鳕鱼为止。

2. 取出，待凉了以后，大致把鱼刺挑一遍。

3. 放入料理机，加入一点点水后，将鳕鱼打成肉泥。

4. 玉米粒用开水焯熟，连同鳕鱼泥一并拌入米饭中，搅拌均匀即可。

关于鳕鱼的营养小知识

被北欧人称为"餐桌上的营养师"——鳕鱼，肉味甘美、营养丰富。其肉中的蛋白质比三文鱼、鲳鱼、鲥鱼、带鱼都要高，而肉中所含脂肪却只有0.5%，要比三文鱼低17倍，比带鱼低7倍；它还含有丰富的维生素和矿物质，且非常易于吸收。如果猫咪食欲不振或肠胃不好时，可适当地吃点鳕鱼。

鳕鱼炖豆腐

鳕鱼和豆腐上辈子一定是绝配，不然它们怎么会那么搭调呢？

材料：

鳕鱼	1块	豆腐	1／2块
虾皮	1勺	水	适量

做法：

1. 将豆腐提前浸泡1小时以上，取出，切成小块，放入炖锅。
2. 将鳕鱼洗净，切成小块，连同清洗干净的虾皮一并放入炖锅。
3. 往炖锅里加水，没过食材。
4. 盖上锅盖，中火烧开后，改小火炖1小时即可。
5. 晾凉后给猫咪吃。

小贴士

🐾 鳕鱼的量是豆腐的1倍。

🐾 可以在开始炖之前再加一些别的配菜一起炖，如木耳、菠菜、西蓝花等，但是一定要切成小碎丁，以方便猫咪食用。

🐾 也可以盛一碗米饭，然后往里面拌入一大勺带汤的鳕鱼炖豆腐。

🐾 通常来说，鳕鱼的刺很少，主人们只需将里面的一根大刺取出便可。如果心细的主人们还是不放心，可以稍微挑一挑后再给猫咪吃。

鳕鱼蔬菜泡饭

如何让猫咪们吃得又好又有营养又开心，主人们真的是费尽了心思呢！

材料：

鳕鱼	1块	红柿子椒	1／4个
黄柿子椒	1／4个	南瓜	1小块
胡萝卜	1／3根	米饭	1／2碗
水	适量		

做法：

1. 将鳕鱼洗净、煮熟，并去除鱼刺，切成小块。

2. 将所有蔬菜洗净，切成小碎丁，放入锅中，加入水没过食材，开中火，煮熟。

3. 把鳕鱼和米饭倒入锅中，搅拌均匀后煮1～2分钟，关火。

4. 晾凉后再给猫咪吃。

清蒸蔬菜鲈鱼

美味如此简单！

材料：

鲈鱼	1条	胡萝卜	1／2
油菜	1棵	水	适量
橄榄油	1／2勺		

做法：

1. 将胡萝卜、油菜洗净，切成小碎丁，装盘备用。
2. 将鲈鱼洗净，剔除鱼刺后切成小碎丁。
3. 将胡萝卜、油菜、鲈鱼、橄榄油搅拌在一起。
4. 锅里放水，烧开后将上述食材放入锅中，隔水蒸熟。
5. 搅拌均匀，晾凉后再给猫咪吃。

鲈鱼杂粮粥

此粥不仅味道鲜美，而且对猫咪的脾胃也很滋补哦！

材料：

鲈鱼	1条	玉米粒	3勺
菠菜	1棵	杂粮米	1杯
水	适量	橄榄油	1／2勺

做法：

1. 将杂粮米提前泡一晚上，放入炖锅里，加入适量的水，大火烧开后改小火煮1小时。

2. 将鲈鱼洗净，切成小块，装盘，加入橄榄油，腌制一下。

3. 将玉米粒和菠菜洗净，切成小碎丁。将玉米碎丁加入炖锅后，盖锅盖继续煮。

4. 待杂粮米煮至软烂时，加入鲈鱼和菠菜，再煮5分钟后，关火。

5. 晾凉后再盛出给猫咪吃。将多余的食物装入保鲜盒放入冰箱冷藏。

小贴士

🐾 虽然鲈鱼的刺也比较少，但在将鲈鱼切成小块时，应再确认一下鱼肉里是否有鱼刺。

🐾 如果主人们打算给猫咪们炖一碗鲈鱼汤，那么无须将做法 2 中的鲈鱼切成小块，只要将腌制过的鱼隔水蒸熟后，剔出鱼肉加入杂粮粥里即可。剩下的一整副鱼骨便可用来炖汤了。

番茄豆腐鱼汤泡饭

　　勤俭节约可是我们中华民族的传统美德哦！所以，我们用前面那道菜剩下的鱼架来做这道鲜美的汤汁泡饭吧！

材料：

鲈鱼鱼架	1副	番茄	1／2个
豆腐	1／2块	水	适量
无盐虾皮	1勺	米饭	1／2

做法：

1. 把整个鲈鱼鱼架放入锅里，加水，略高于鲈鱼架。

2. 将番茄、豆腐切成小丁放入锅中。

3. 开大火，水煮开后，转小火炖2小时。

4. 舀一勺汤料，泡入米饭，加入无盐虾皮拌匀，晾凉后再给猫咪吃。

小贴士

 将鱼架上一些多余的肉剔下来，拌入汤汁中。剔下来的肉也要注意肉中是否带有鱼刺，将鱼刺和鱼头扔掉即可。

 将吃不完的鱼汤用保鲜盒装好，放入冰箱冷藏。

鱼豆腐拌饭

喜欢吃鱼豆腐的主人和猫咪们注意啦！简易版的福利来了！

材料：

龙利鱼	500克	鸡蛋	2个
生粉	150克	米饭	1碗

做法：

1. 将龙利鱼洗净、切块，用料理机打成泥，盛出，装盘备用。
2. 鱼泥里加入鸡蛋和生粉，朝一个方向搅拌均匀。
3. 烤盘上抹一层油，把鱼泥倒入、抹平。
4. 放入已经预热好的烤箱，上下火，180摄氏度，烤30分钟。
5. 切成小块，取适量拌入米饭给猫咪吃。
6. 多余的食物可装入保鲜盒，放入冰箱冷藏或冷冻即可。

小贴士

此款鱼豆腐，主人们也可以吃哦！一起和猫咪们来吃清汤火锅也是个不错的选择哦！

虾皮粉拌粥

小猫咪也可以适当地喝一点这个美味的粥哦，好让它们的骨骼越长越强壮。

材料：

无盐虾皮	适量
粥	1小碗

做法：

1. 将虾皮用清水反复清洗几遍。
2. 取一口不粘锅，开小火，将虾皮放入锅中炒制。
3. 不停地搅拌，直至虾皮里的水分基本被炒干，即虾皮的表面微微变黄，能很容易捏碎时关火。
4. 将晾凉后的虾皮放入料理机打成粉。
5. 取1~2勺拌入粥中给猫咪吃。
6. 剩下的虾皮粉可装入密封罐中保存，随吃随取。

小贴士

 清洗虾皮的目的是将虾皮表面的脏东西洗掉。

 虾皮粉可以作为猫咪食补补钙的一种食材，在猫咪的各种饭食中拌入一勺，既方便快捷又好吃有营养。

鲜虾蛋炒饭

弹，弹，弹……弹着走的虾，味道真的是太Q弹了！

材料：

鲜虾	5只	鸡蛋	1个
米饭	1／2碗	胡萝卜	1／3根
青菜	1小棵	橄榄油	1勺

做法：

1. 将胡萝卜、青菜洗净，切成小碎丁，装盘备用。

2. 将鲜虾去头、洗净后，用开水焯熟。连壳带肉切成碎末，装盘后，加入打散的鸡蛋，搅拌均匀。

3. 锅里放油，开中火，将虾肉、胡萝卜、青菜放入锅中翻炒，再加入米饭继续翻炒均匀。

4. 晾凉后再给猫咪吃。

鲜虾鸡蛋卷

"鲜虾也被蛋卷起来了！我也会把自己卷起来哦！"

材料：

鲜虾	20只	胡萝卜	1／2根
鸡蛋	1个	面粉	适量

做法：

1. 胡萝卜洗净，切成碎末。

2. 虾去头、洗净，切成碎末。

3. 将胡萝卜和虾混合在一起，搅拌均匀。

4. 鸡蛋打散，加入适量的面粉，搅拌均匀后呈糊状。

5. 锅里刷一层油，小火，倒入面糊，转动锅，使面糊转成一个饼状。

6. 待一面好了以后翻面，煎另一面。

7. 煎好后，取出，置于案板上，将之前搅拌好的馅料铺在蛋饼上，卷成蛋卷。

8. 锅里放水，水开后，上锅隔水蒸10分钟。

9. 蒸好后，切成小块，晾凉后再给猫咪吃。

青菜鲜虾牛肉面

问："为什么主人吃的面都是长长的，而我的面是短短的呢？"

答："因为你还是'小朋友'。"

材料：

鲜虾	10只	青菜	1小棵
牛肉片	2片	鸡蛋	1个
橄榄油	1勺	婴儿面条	适量

做法：

1. 将鲜虾去头、洗净，切成小碎丁。

2. 将青菜洗净，和牛肉片用开水焯熟，取出后切成小碎丁。

3. 将鸡蛋打散，搅拌均匀，锅里倒入橄榄油，开中火，待油热后，倒入鸡蛋液，用筷子搅拌成小碎块后，盛出。

4. 锅里倒入水，水烧开后，将婴儿面条掰成小段放入锅里，快煮熟时，将鲜虾、鸡蛋放入，搅拌均匀。

5. 关火后，再将青菜、牛肉拌入，搅拌均匀。

6. 晾凉后再给猫咪吃。

小贴士

　　这里采用了婴儿面条主要是考虑里面的含盐量会少一些。而且很多婴儿面条里面会有一些小料包，也可以按说明一并拌入，为猫咪补充适量的维生素和别的营养物质。

鸡肉和鸭肉

　　鸡肉和鸭肉也是喂养猫咪的一款很棒的美食。它肉质鲜嫩，也是高蛋白、低脂肪、富含丰富的维生素的食物。

　　很多主人们可能没有意识到一个问题，在喂食猫咪鸡肉时会连同鸡骨头一并给猫咪吃。其实这样做很危险。因为鸡骨又细又尖锐，很容易卡住猫咪的喉咙或刺伤它们的内脏而引发内出血等其他问题。

　　好了，一只鸡、一只鸭引发的美食浪潮正在向猫咪们袭来，猫咪们早已准备好了餐具等待美餐一顿了呢！

鸡排拌饭

"外脆里嫩的香酥鸡排拌饭，主人我能不能再来一碗？"

材料：

鸡胸肉	2块	面包糠	1／2碗
橄榄油	1勺	圆白菜	2片
黄柿子椒	1／2个	胡萝卜	1／3根
鸡蛋	2个	米饭	1／3碗
面粉	少许		

做法：

1. 将圆白菜、黄柿子椒、胡萝卜洗净后，切碎，装盘备用。

2. 将鸡胸肉洗净，切成两片，用刀背将肉拍松，再在肉上划几刀，以防止肉筋收缩。

3. 锅里放一勺橄榄油，中火，将面包糠炒至金黄色出锅，晾凉备用。

4. 将鸡胸肉裹上面粉、全蛋液后，再裹上炒过的面包糠。

5. 将鸡胸肉放在装有锡纸的烤盘上，放入已经预热好的烤箱，上下火，200摄氏度，烤制20分钟。

　　6. 把烤好的鸡排切成小块，倒入做法1中的盘中，加入米饭，搅拌均匀后给猫咪吃。多余的鸡排可用保鲜盒装好后放入冰箱冷藏或冷冻。

关于减肥的小知识

　　猫咪过度肥胖，一个很重要的原因便是热量摄取过量了。这时主人们需要注意是否猫咪的饮食不当，或是缺乏运动，或是别的什么原因引起的肥胖。为了保持猫咪的良好身材，也为了猫咪的身体健康，主人们需要辅助猫咪进行一系列的减肥行动。

　　1.　确定好目标

　　要知道凡事"欲速则不达"，所以主人们要给猫咪制订一个减肥计划，分时分阶段进行减肥，每周确定好减重目标，如一周减重多少。

　　2.　注意适当节食

　　从总量上进行一定的控制，让猫咪少食多餐，从而增加饱腹感，尽量选择减肥餐，以减少热量的过多摄入。

　　3.　加强锻炼

　　多陪猫咪出去走走，或增加猫咪的运动量。主人们可以拿一些猫咪爱玩的玩具，陪猫咪一起玩。运动能将多余的热量消耗掉，从而避免它们转化为脂肪。要知道，吃完就躺着，不长肉才怪呢！

豆腐西蓝花鸡肉碎

这个像粥一样的东西味道却比粥美味多了！

材料：

鸡胸肉	1块
豆腐	1／2块
西蓝花	3小朵

做法：

1. 将鸡胸肉洗净、煮熟后，切小块。
2. 将西蓝花洗净，和豆腐放入开水中焯熟。
3. 将西蓝花、鸡胸肉和豆腐放入料理机搅碎后，盛出给猫咪吃。

小贴士

🐾 豆腐最好能提前用水浸泡一下。

🐾 此款美食拌米饭吃也是一个不错的选择。

奶炖红薯鸡肉粥

"以为在喝奶，其实是在喝粥！别再看我碗里的粥了，没你的份了，因为已经被我吃光了哦！"

材料：

鸡胸肉	1小块	红薯	1／3块
西蓝花	3小朵	猫咪奶粉	2勺
燕麦片	3勺	温水	适量

做法：

1. 将鸡胸肉、红薯和西蓝花洗净，切成小块。

2. 在猫咪奶粉中加入温水，搅拌均匀，倒入锅中。

3. 将红薯、鸡胸肉、西蓝花和燕麦片也加入锅中，用小火慢煮至熟。

4. 晾凉后再给猫咪吃。

小贴士

 如果猫咪不反感山羊奶的话，也可以用山羊奶代替。

 因为煮奶的时候容易溢锅，所以煮的时候一定要注意，用小火煮。

彩色鸡肉卷

一口一个，清香中伴着肉的味道……

材料：

鸡胸肉	1块
柿子椒	1／2个
胡萝卜	1／3根

做法：

1. 将鸡胸肉洗净，放入冰箱冷冻至微冻状态，取出，切成薄片。

2. 将胡萝卜和柿子椒洗净、切碎后，放在鸡胸肉片上，一个一个卷好后装盘。

3. 放入锅中，隔水蒸熟即可。

4. 晾凉后再给猫咪吃。

南瓜萝卜鸡肉饭

"主人说吃饭要注意荤素搭配，才能有全面的营养！"

材料：

鸡胸肉	1块	南瓜	1小块
萝卜	1小块	骨粉	1小勺

做法：

1. 将鸡胸肉洗净，切成小块，装盘备用。
2. 将萝卜、南瓜去皮、洗净，切小块，连同鸡肉一并煮熟。
3. 撒上骨粉后搅拌均匀。
4. 晾凉后再给猫咪吃。

小贴士

如果觉得猫咪只挑肉吃的话，也可以将鸡肉切成小碎块，搅拌均匀后，再给猫咪吃。

鸡肉蛋炒饭

香喷喷的鸡肉蛋炒饭呦！走过路过绝对不要错过的家常美食。

材料：

鸡胸肉	1／2块	鸡蛋	1个
红柿子椒	1／4个	黄柿子椒	1／4个
西蓝花	2小朵	橄榄油	2勺
米饭	1／2碗		

做法：

1. 将鸡胸肉和所有蔬菜洗净，切成碎丁，装盘备用。
2. 锅里放一勺油，开中火，将鸡蛋打散，搅拌均匀后倒入，用筷子快速搅拌成碎丁，装盘备用。
3. 锅里放油，将所有食材倒入，翻炒至熟。
4. 倒入米饭，继续翻炒，待翻炒均匀即可。
5. 晾凉后再给猫咪吃。

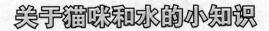

关于猫咪和水的小知识

　　水是生命之源。对猫咪来说，水也是非常重要的。水是维持猫咪正常生活的重要物质，猫身体中水分的含量占据了它体重的70％以上。水分摄取不够会影响猫咪的内脏器官，对猫咪的身体健康也会有很大的影响。因此，为了猫咪们的健康，主人们一定要重视给猫咪喝水的问题。

　　当然，我们的自制猫饭里面很多如汤类、粥类等的含水量丰富，不用担心猫咪缺水的问题发生。但是当给猫咪吃干饭时，请注意随时在猫咪的饭盆旁边放一碗新鲜干净的水。

鸡肉鸡肝鲜蔬泡饭

蔬菜中富含多种维生素和矿物质，配上高蛋白、低脂肪的鸡肉，真是营养又美味呀！

材料：

鸡胸肉	1／2块	鸡肝	1个
西红柿	1／2个	米饭	1／2碗
白菜花	3小朵	胡萝卜	1／3根
水	适量		

做法：

1. 把鸡肉和鸡肝洗净，切成小块，装盘备用。

2. 将西红柿、白菜花、胡萝卜洗净，切成小碎丁。

3. 锅里放水，加入鸡肉、鸡肝、西红柿，盖上锅盖，炖15分钟。

4. 再往锅里加入胡萝卜、白菜花、米饭，盖上锅盖，再炖10分钟。

5. 取适量盛出，晾凉后再给猫咪吃。多余的食物可装入保鲜盒放入冰箱冷藏或冷冻。

鸡肉沙拉

亲爱的猫咪们，减肥餐来了，今天的主食就是这道鸡肉沙拉吧！

材料：

香芹	1小根	柿子椒	1／2个
芽菜	2勺	鸡胸肉	1／2块
碎的白干酪	1勺	酸奶	2勺

做法：

1. 将香芹、柿子椒、芽菜、鸡胸肉洗净，焯熟后捞出，切成小碎丁，装盘备用。
2. 浇上酸奶，撒上白干酪，搅拌均匀后再给猫咪吃。

芦笋炖鸡肉

许多猫咪都喜欢吃芦笋。主人们，试着做一做这道芦笋炖鸡肉吧！但是主人们也一定要注意哦，芦笋的筋比较多，做的时候记得要把筋剥掉，最好能切得碎碎的，以方便猫咪食用哦！

材料：

鸡胸肉	1块	通心粉	1／2杯
芦笋	1根	碎的白干酪	2勺
橄榄油	1／2勺	水	适量

做法：

1. 将鸡胸肉、芦笋洗净，切成小碎丁。
2. 将通心粉切成适合猫咪食用的大小。
3. 将所有食材除了白干酪均倒入炖锅中，加入适量的水烧开后，转小火炖1小时。
4. 盛出时，撒入白干酪，晾凉后再给猫咪吃。

鸡肝拌饭

"主人说，多吃鸡肝可以让我的眼睛变得更亮哦！"

材料：

鸡肝	1个	豌豆	1／3碗
胡萝卜	1／3根	米饭	1／2碗
橄榄油	1／2勺	水	适量

做法：

1. 将鸡肝洗净，切成小块，豌豆、胡萝卜洗净、切碎。

2. 锅里放油，开中火，将鸡肝、豌豆和胡萝卜放入，翻炒两三分钟，加入适量的水，继续炒至熟。

3. 将米饭倒入，搅拌均匀后，即可关火。

4. 取适量盛出，晾凉后再给猫咪吃。多余的食物可装入保鲜盒放入冰箱冷藏或冷冻。

关于鸡肝的小知识

　　鸡肝含有丰富的蛋白质、钙、磷、铁、锌、维生素A、B族维生素。肝中铁质丰富，是补血食品中最常用的食物。动物肝中维生素A的含量远远超过奶、蛋、肉、鱼等食品，具有维持正常生长和生殖功能的作用，有保护眼睛，维持健康的肤色等重要意义。经常食用动物肝还能补充维生素B_2。肝中还具有一般肉类食品不含的维生素C和微量元素硒，能增强免疫力。所以，食用适量的鸡肝对猫咪来说，也是很棒的选择哦！

茄汁鸡肉丸

鸡肉丸被滚成红通通的样子，好可爱呀！猫咪们一定也会喜欢吃的。

材料：

鸡胸肉	1块	鸡蛋	1个
淀粉	适量	番茄酱	少许
橄榄油	1勺	水	适量

做法：

1. 将鸡胸肉洗净，切成小块。
2. 将切好的鸡胸肉放入料理机打成肉泥，装盘备用。
3. 加入淀粉、番茄酱和打散的鸡蛋，反复搅拌，直至肉泥上劲。
4. 锅里加多一些水，开大火，煮开后，双手沾湿，将肉泥捏成小丸子，放入锅里煮。
5. 等鸡肉丸都浮出水面后，关火，将其捞出。
6. 另起一锅，加入橄榄油，开小火，倒入番茄酱，翻炒两下后，倒入半碗水，再将鸡肉丸倒入，翻炒均匀即可。
7. 取适量鸡肉丸，切成小块后再给猫咪吃，也可以拌入米饭中给猫咪吃。

鸡丝凉面

夏日里的又一款清凉美味！

材料：

| 鸡腿 | 1个 | 黄瓜 | 1／3根 |
| 胡萝卜 | 1／3根 | 面条 | 适量 |

做法：

1. 将鸡腿、黄瓜、胡萝卜洗净，将黄瓜、胡萝卜擦成短的细丝。

2. 锅里放水，将鸡腿放入，煮开后，转小火炖20分钟至全熟，捞出。

3. 锅里的水不倒，开中火，水开后，下入面条，煮至全熟捞出，过凉水，沥干水分，切成小段，装盘备用。

4. 将鸡腿去皮、去骨后，撕成丝，再用刀切成小段。

5. 将所有食材搅拌在一起后再给猫咪吃。

鸡汤泡饭

在寒冷的冬季，给猫咪喝一点鸡汤。哇，肯定能一直暖到它们的心窝窝里。

材料：

鸡胸肉	1块	胡萝卜	1／3根
香芹	1小根	土豆	1／2个
米饭	1／3碗	橄榄油	1勺
鸡汤	适量		

做法：

1. 将鸡胸肉、胡萝卜、香芹洗净，土豆去皮后洗净，切成小块。

2. 锅里放入橄榄油，开中火，将鸡胸肉倒入翻炒，变色后，再将胡萝卜、香芹、土豆倒入翻炒。

3. 加入鸡汤，没过食材，开锅后，转小火炖1小时，并不时地搅拌一下，防止底部粘锅。

4. 关火后，加入米饭搅拌均匀。

5. 晾凉后再给猫咪吃。

鸡 肉 饼

哈哈，是彩色的鸡肉饼哦！

材料：

鸡胸肉	1块	鸡蛋	1个
胡萝卜	1／2根	柿子椒	1／3个
淀粉	适量		

做法：

1. 将鸡胸肉、胡萝卜、柿子椒洗净。鸡胸肉放入料理机打成肉泥，胡萝卜和柿子椒切成小碎丁，装盘备用。

2. 打入鸡蛋，加入淀粉后，搅拌均匀。

3. 在烤盘上刷一层薄油，将肉泥倒入、摊平后，放入预热好的烤箱，180摄氏度，上下火，烤25分钟。

4. 取出、晾凉后，切成小块再给猫咪吃。

鸭肉茄子拌饭

材料简单、做法简单的拌饭，味道也超赞的哦！

材料：

鸭胸肉	2块	茄子	1个
橄榄油	1勺	米饭	1／2碗

做法：

1. 将鸭胸肉洗净，切成小块，装盘备用。

2. 茄子洗净，切小块，用开水焯熟。

3. 锅里放油，开中火，倒入鸭肉和茄子，炒至鸭肉熟透。

4. 关火，倒入米饭，搅拌均匀。

5. 晾凉后再给猫咪吃。将多余的食物用保鲜盒装好后，放入冰箱冷藏。

鲜蔬鸭肝粥

冰镇过的鲜蔬鸭肝粥别有一番风味哦，主人们也可以试一试哦。

材料：

鸭肝	1个	豆芽	1把
胡萝卜	1／2根	西蓝花	3小朵
无盐虾皮	1／2勺	婴儿米粉	适量

做法：

1. 将鸭肝洗净，切成小块，豆芽、胡萝卜、西蓝花洗净。

2. 将上述食材全部放入料理机打碎。

3. 锅里加入适量的水，开中火，将打碎的食材倒入锅中，搅拌至开锅，加入洗干净的虾皮，再煮1～2分钟。

4. 关火，将婴儿米粉倒入，搅拌均匀即可。

5. 晾凉后再给猫咪吃。

白干酪鸭胸沙拉

补钙的夏日消暑美食，长身体的猫咪们快点来一碗哦！

材料：

鸭胸肉	1块	芦笋	1根
西红柿	1个	白干酪	2片

做法：

1. 将鸭胸肉、芦笋洗净，切成小块，放入锅中，开水焯熟后，装盘备用。

2. 将西红柿洗净、去皮后，切成小块，放入盘中。

3. 将白干酪切成小块，放入盘中，搅拌均匀后再给猫咪吃。

鸭 肉 卷

卷卷有个好处便是可以卷到所有好吃的美食哦！想吃什么随便卷上一个便可！

材料：

鸭胸肉	1块	牛蒡	1／3根
胡萝卜	1／3根	土豆	1／2个
水	适量		

做法：

1. 提前将鸭胸肉洗净，放入冰箱冷冻至微冻状态。

2. 将牛蒡、胡萝卜、土豆去皮、洗净后切成细条，用开水焯到七八分熟。

3. 将鸭胸肉取出，切成长条后，将上述的蔬菜食材各取适量，将其卷起来。

4. 把卷好的鸭肉卷放入锅中，隔水蒸熟。

5. 晾凉后再给猫咪吃。

鸭肉南瓜杂粮饭

午饭，一碗香喷喷的鸭肉南瓜饭便可搞定了！

材料：

鸭胸肉	1块	南瓜	1小块
土豆	1／3个	香菇	1朵
米饭	1／3碗	橄榄油	1勺
水	适量		

做法：

1. 将鸭胸肉、南瓜、土豆、香菇洗净、切碎，装盘备用。

2. 锅里放入橄榄油，中火加热，将上述食材倒入锅中翻炒至七八分熟。

3. 加入米饭，倒入水，搅拌至汤汁收锅即可。

菠菜鸭肉面

清淡的菠菜鸭肉面一定会让猫咪们"喵喵"地叫着想再吃一份的。

材料：

鸭胸肉	1块	菠菜	1棵
鸡蛋	1个	水	适量
面	适量		

做法：

1. 将鸭胸肉、菠菜洗净后，切成小碎丁。

2. 锅里放入适量的水，中火加热。

3. 待锅里水开后，将面条折成小段，连同鸭胸肉放入锅中。

4. 鸡蛋打散，搅拌均匀。再次开锅时，将鸡蛋液淋入锅中，加入菠菜，煮熟即可。

5. 晾凉后再给猫咪吃。

猪　　肉

　　虽然猪肉的脂肪含量高、蛋白质含量较低，但是它的脂肪酸结构比较好而且富含维生素B_1。很多主人们都知道，在鸡鸭鱼牛羊肉中，维生素B_1的含量并不多，而且经过加工后，它们的含量更是少之又少。所以，作为一种搭配食品，猪肉也是一款很棒的美食哦！

　　还有一点，主人们需要注意，一定要将猪肉彻底煮熟了以后再给猫咪们吃哦！只有这样才能把生肉中的细菌杀死，从而保护我们亲爱的猫咪们的身体哦！

鲜蔬猪肉

准备好锅，为猫咪们准备一份"低调有料"的鲜蔬猪肉吧！

材料：

猪肉	1块	鸡蛋	1个
橄榄油	2勺	豌豆	1把
胡萝卜	1／3根		

做法：

1. 将胡萝卜、豌豆洗净，焯熟后，切成小碎丁，装盘备用。
2. 鸡蛋打散，锅里放入一勺油，用中火将打好的鸡蛋液煎成蛋饼，在煎的过程中不要搅拌。
3. 将煎好的鸡蛋饼放在案板上，切成小块。
4. 再往锅里放一勺油，倒入猪肉翻炒。
5. 把胡萝卜、豌豆、鸡蛋倒入锅中翻炒几分钟。
6. 晾凉后再给猫咪吃。

猪肉木鱼花饭

"今天真呀真高兴，可以吃到一碗有着木鱼花香的猪肉饭，心情顿时变得好好呀！"

材料：

瘦猪肉	1块	木鱼花	1把
西蓝花	4小朵	杂粮饭	1／2碗
橄榄油	1勺		

做法：

1. 将瘦猪肉、西蓝花洗净，切成小块后，用水焯熟。

2. 锅里放入橄榄油，中火加热后，倒入瘦猪肉和西蓝花，翻炒2～3分钟。

3. 倒入杂粮饭，搅拌均匀后盛出，撒上一把木鱼花即可。

果蔬肉酱粥

给小猫咪吃的话，可以适当地减少一些配菜哦！

材料：

猪里脊	1小块	豌豆	1／4碗
胡萝卜	1／3根	青菜	1小棵
鸡蛋	1个	稀粥	1／2碗

做法：

1. 将猪里脊洗净，切成小块，放入料理机打成肉泥，装盘后，打入鸡蛋，搅拌均匀。

2. 将豌豆、胡萝卜、青菜洗净，切碎后，倒入肉泥中，搅拌均匀。

3. 将拌好的食材放入锅中隔水蒸20分钟。

4. 将果蔬肉酱和稀粥充分混合，晾凉后再给猫咪吃。

红薯焖猪肉饭

其实，香甜暖糯的红薯也是猫咪们的最爱哦！但是主人们一定要记得把红薯皮削干净了，因为它确实不好吃！

材料：

猪肉	1块	土豆	1个
橄榄油	1勺	开水	1小碗
米饭	1／2碗		

做法：

1. 将猪肉洗净后，切成小块。红薯去皮后，切成小块，用清水洗一下。

2. 把猪肉、红薯装入盘中，混合在一起，搅拌均匀。

3. 锅里倒入橄榄油，开中火，将搅拌好的食材倒入锅中翻炒2分钟后，加入开水，盖上锅盖，小火焖10～15分钟，关火。

4. 将米饭倒入锅中，搅拌均匀后，盖上锅盖，再焖一会儿。

5. 晾凉后再给猫咪吃。

土豆胡萝卜炖猪肉猪心

想再来点粉条吗？凑个东北乱炖如何？绝对会香飘四溢呢！

材料：

猪肉	1块	猪心	1小块
土豆	1个	胡萝卜	1／2根
西蓝花	4小朵	水	适量

做法：

1. 将土豆、胡萝卜、西蓝花洗净、去皮、切丁，猪肉、猪心洗净、切小块。

2. 将所有食材放入炖锅后，加水没过食材。

3. 大火煮开后，转小火慢炖1小时后，关火。

4. 搅拌均匀，晾凉后再给猫咪吃。多余的食物可用保鲜盒装好，放入冰箱冷藏。

关于让猫咪化毛的小知识

众所周知，猫咪喜欢舔毛，通过长时间的积累，这些毛发便会在猫咪的肠胃内结成毛球。当然，有些会随着粪便排出体外，但是有些还会滞留在猫咪体内。如果不及时化毛，会影响猫咪的正常生活，严重的还会让猫咪产生一系列的并发症。为了预防这种事情发生，主人们应该及早行动起来。

1. 及时梳理猫咪的毛发，并将脱落的毛发及时清理干净。

2. 去宠物医院咨询医生有关相应的化毛方面的药物及食品等。

3. 在家里种一盆茅草，以便让猫咪食用后，催吐出积攒在体内的毛球。

茄子猪肉饭

有些猫咪不太喜欢吃茄子，说不定你家猫咪喜欢得不得了呢？

材料：

猪肉馅	150克	茄子	1／3根
白菜叶	1片	西蓝花	3小朵
橄榄油	1勺	米饭	1／2碗

做法：

1. 将茄子、白菜叶、西蓝花洗净，切成小块。

2. 锅里放入橄榄油，加入猪肉馅翻炒后，再加入茄子、白菜叶、西蓝花，继续翻炒至熟。

3. 关火，将米饭拌入，搅拌均匀。晾凉后再给猫咪吃。

猪肉馅饼

把馅料放在外面的叫比萨，把馅料包在里面的就叫馅饼哦！

材料：

胡萝卜	1根	白菜叶	3片
香菇	2朵	猪肉馅	250克
中筋面粉	200克	开水	适量
冷水	适量	橄榄油	适量

做法：

1. 将胡萝卜、白菜叶、香菇洗净，切成碎丁，装盘，加入猪肉馅，搅拌均匀。

2. 另取一个盆，加入面粉、开水，用筷子搅散。

3. 加入冷水，揉成光滑的面团后，盖上湿布醒发20分钟。

4. 揉搓后，将面团分成10等份。

5. 将每一份面团擀成圆形，加入拌好的猪肉馅料，收口并捏紧。

6. 轻轻地压一下面饼，整成圆形，将收口朝下摆放。

7. 待全部都包完以后，锅中放入适量橄榄油，放入饼，中火慢煎至表面呈金黄色时翻面。

8. 晾凉，切成小块后再给猫咪吃。多余的食物用保鲜盒装好放入冰箱冷藏或冷冻，待下次猫咪食用时，再热了给猫咪吃。

小贴士

也可以将馅料分成一大一小两部分，大的那部分加入少许盐，可供主人们吃，小的那部分刚好够猫咪吃1～2顿的量。如此，猫咪和主人的一顿晚饭就轻松搞定了。

猪肝菠菜拌猫粮

补铁，补铁，只需这一款美食即可！

材料：

猪肝	1小块	鸡胸肉	1小块
肥牛	3片	菠菜	1块
猫粮	适量		

做法：

1. 将猪肝、鸡胸肉、肥牛、菠菜洗净，切成小块。
2. 将上述食材焯熟后，捞出，并拌入适量的猫粮。
3. 晾凉后再给猫咪吃。

土豆焖猪肉

冰箱里只剩下点猪肉和土豆了，那便做个土豆焖猪肉吧！

材料：

| 猪肉 | 1小块 | 土豆 | 1个 |
| 橄榄油 | 1勺 | 开水 | 适量 |

做法：

1. 将猪肉洗净，切成小块。

2. 将土豆去皮、洗净，切成小块。

3. 锅里放油，中火热锅，倒入猪肉和土豆翻炒。

4. 加入开水没过食材，搅拌均匀后，盖上锅盖，焖20分钟左右。

5. 晾凉后再给猫咪吃。家里有米饭的话，也可以拌饭给猫咪吃。

烤肉串

今天又到了吃串串的好日子，哼哼哈嘿！

材料：

猪肉	1块	土豆	1／2个
红薯	1／2个	红彩椒	1／2个
黄彩椒	1／2个	苹果	1／2个
橄榄油	1勺		

做法：

1. 将猪肉洗净、切块；土豆、红薯去皮、洗净，切成小方片。彩椒、苹果洗净，切成小方块。

2. 将所有食材挨个串在竹签上，刷上橄榄油。

3. 放在有锡纸的烤盘上，放入已经预热好的烤箱，上下火，180摄氏度，烤制20分钟。

4. 拿出串，撤掉竹签，装盘晾凉后再给猫咪吃。多余的食物可放入冰箱冷藏。

柿子椒猪柳

无论是牛柳还是猪柳炒柿子椒，味道都是棒棒的。

材料：

猪里脊	1块	黄柿子椒	1／2个
红柿子椒	1／2个	淀粉	少许
开水	适量	橄榄油	适量

做法：

1. 将猪里脊洗净，切成猪柳的形状（当然为了猫咪吃方便，最好能切成小块），装盘，放入半勺橄榄油和少许淀粉，抓匀，腌制一下。

2. 将柿子椒洗净后，切成小块。

3. 锅里放入适量的橄榄油，倒入猪柳翻炒，炒至七八分熟的时候，加入柿子椒，倒入一点点开水，炒熟后出锅。

4. 晾凉后再给猫咪吃。

猪肉果蔬沙拉

多给猫咪吃点水果，补充点维生素哦！

材料：

瘦猪肉	1块	白干酪	2片
苹果	1／3个	蓝莓	10颗
香蕉	1／2根	西红柿	1／3个

做法：

1. 将瘦猪肉洗净，切成小块，焯熟。

2. 将苹果、蓝莓洗净、切成小块；西红柿洗净、去皮，切成小块；香蕉去皮，切成小块；白干酪切成小块。

3. 将所有食材放入一个盘中，搅拌均匀后再给猫咪吃。

猪肉西红柿面

最爱酸甜口的西红柿面，色香味俱全！

材料：

猪肉	1块	鸡心	1个
骨粉	1勺	蘑菇	1朵
青菜	1小根	婴儿面条	适量
橄榄油	1勺	水	适量

做法：

1. 将猪肉、鸡心、蘑菇、青菜洗净，切成小块。

2. 锅里放入橄榄油，中火将猪肉、鸡心、蘑菇倒入锅中翻炒至变色后，加入青菜，继续翻炒。

3. 倒入开水没过食材，水再次烧开后，将婴儿面条折成小段连同骨粉一并放入锅中煮熟即可。

4. 晾凉后再给猫咪吃。

排骨白玉汤泡饭

猫咪们补钙的又一款美食！赶紧给正在哺乳期的猫妈妈们来一碗哦！

材料：

排骨	5块	豆腐	1／2块
胡萝卜	1／2根	米饭	1碗
橄榄油	1勺	水	适量

做法：

1. 将胡萝卜洗净、切碎，豆腐提前用清水泡1小时后切小块。

2. 将排骨洗净、焯熟后，装盘备用。

3. 锅里放入橄榄油，中火将排骨翻炒一下，加入胡萝卜和水，大火煮开后，加入豆腐，改小火炖1～2小时，直至排骨脱骨后，关火。

4. 晾凉，将排骨取出，剔出骨头，将排骨肉切成小块，再取部分豆腐胡萝卜汤一并拌入米饭，搅拌均匀即可给猫咪吃。

5. 将多余的食物用保鲜盒装好，放入冰箱冷藏。

猪肉鳕鱼鸡蛋羹

有鱼又有肉，日子过得赛神仙！

材料：

猪肉	1小块	鸡蛋	2个
鳕鱼	1小块	盐	少许
温开水	适量	橄榄油	1勺

做法：

1. 将鸡蛋打散，加入1.5倍的温开水，加入适量的盐搅拌均匀后，过筛。

2. 在装着鸡蛋液的碗面上盖上保鲜膜。

3. 锅里放水，水烧开后，放入蒸蛋碗，小火蒸12分钟，关火后焖一会儿。

4. 将猪肉、鳕鱼洗净后，切成碎末，搅拌均匀。

5. 另起一锅，放入橄榄油，中火，倒入猪肉、鳕鱼翻炒至熟。

6. 将猪肉和鳕鱼倒入鸡蛋羹中，搅拌均匀。晾凉后再给猫咪吃。

猪肉莲藕饼

猫咪们虽然理解不了莲花的"出淤泥而不染，濯清涟而不妖"，却喜欢吃香香的猪肉莲藕饼。

材料：

猪肉	1块	莲藕	1／2节
胡萝卜	1／2根	鸡蛋	2个
面粉	适量	水	适量
橄榄油	适量		

做法：

1. 将猪肉、莲藕、胡萝卜洗净，切成小块，放入料理机打成泥后，装盘备用。

2. 打入鸡蛋，放入适量的面粉和水，搅拌均匀后，揉成湿面团，搓成小饼。

3. 锅里倒入少许油，小火，将小饼放入锅中，煎至表面呈金黄色后翻面。

4. 晾凉，切成小块后再给猫咪吃。

牛 肉

烤熟的牛肉，再拌上各种配菜，猫咪们一定会把它们吃得精光的。

其实，牛肉的营养也非常丰富。它富含优质蛋白质，有利于猫咪消化；它含有丰富的铁，可以防止猫咪出现贫血等问题；它富含锌、镁等，有助于猫咪合成蛋白质、促进肌肉生长；它还含有牛磺酸，有助于猫咪增强免疫力、保护视网膜等。

主人们在选择牛肉食材时，最好以瘦牛肉或是脂肪含量适中的牛肉为主。当然，我们在这部分里的牛肉餐中也搭配了各种食材，从而保证了猫咪的全面营养。

好了，主人们，开始准备做牛肉大餐了吗？

肥牛卷心菜拌饭

一款超级懒人饭，主人们，三五分钟就能搞定的事情，是不是爽爆了？

材料：

肥牛片	5片
卷心菜	3片
米饭	1／2碗

做法：

1. 将卷心菜洗净后，用水焯熟后捞出，切碎。
2. 将肥牛片用开水涮熟后捞出，切碎。
3. 把上述两种食材倒入米饭中搅拌均匀即可。

土豆南瓜蒸牛肉

美毛养颜还瘦身的搭配，胖猫咪们，再也不用担心自己的体重了。

材料：

牛肉	1小块	鸡胸肉	1小块
西蓝花	3朵	南瓜	1小块
土豆	1／2个	鸡蛋	1个
橄榄油	少许		

做法：

1. 将牛肉、鸡胸肉、西蓝花洗净后，切丁。

2. 把牛肉和鸡胸肉装盘，鸡蛋打散拌入，搅拌均匀。

3. 南瓜和土豆去皮、切块后，连同西蓝花一并倒入装有牛肉和鸡胸肉的盘中，上锅蒸20分钟左右。

4. 倒入几滴橄榄油，将所有食材搅拌均匀。

5. 晾凉后再给猫咪吃。

小贴士

吃南瓜具有如下好处：

🐾 南瓜容易产生饱腹感，除了纤维丰富外，还富含维生素B_2、维生素B_{12}、维生素C及胡萝卜素等各种营养素。其中维生素B_2能预防贫血。

🐾 南瓜对改善便秘也很有效果。

🐾 南瓜子有很好的驱虫作用。

🐾 南瓜富含果胶，能消除体内的有毒及有害物质。

燕麦牛肉酱

嘿嘿，这也是一道懒人美食哦！但对于猫咪来说，它的美味貌似也绝不逊色于一道大餐哦！

材料：

宝宝牛肉酱	1罐
燕麦片	4勺
开水	适量

做法：

1. 把宝宝牛肉酱、燕麦片和开水放入可以用微波炉的碗中，搅拌均匀。

2. 将碗放入微波炉里，高火加热5分钟。

3. 晾凉后再给猫咪吃。

鲜蔬炖牛肉

热腾腾地炖起来，冬天里最适合吃的一道美食哦！暖胃暖身又暖心！

材料：

牛肉	1块	牛肝	1小块
胡萝卜	1／2根	豌豆	1把
卷心菜	2片	开水	适量
橄榄油	1勺		

做法：

1. 把胡萝卜、豌豆、卷心菜、牛肉、牛肝洗净。将胡萝卜去皮，切成小丁，卷心菜切小片，牛肉、牛肝切丁，装盘备用。

2. 锅里放油，开中火，加入牛肉和牛肝，翻炒至熟。

3. 将胡萝卜、豌豆和卷心菜分别倒入锅中，翻炒几下，加入适量的开水后，盖上锅盖，小火炖30分钟，注意偶尔搅拌一下。

4. 晾凉后再给猫咪吃。

鲜蔬炖牛肉盖饭

如果主人们平时都很忙，前面那道鲜蔬炖牛肉的量可以多做一点，作为半成品来做一款新的美食，可以省出好多时间哦！

材料：

鲜蔬炖牛肉	1／2碗	米饭	1／2碗
鸡蛋	1个	橄榄油	1勺

做法：

1. 锅里放入橄榄油，开中火，油热了以后，将鸡蛋打散后倒入锅中，用筷子快速搅拌，让鸡蛋液变成鸡蛋丁。
2. 将米饭倒入锅中一并翻炒。
3. 把鲜蔬炖牛肉浇在米饭上，盖上锅盖，关火，焖一会儿。
4. 将菜焖热了以后，盛出来，晾凉后再给猫咪们吃。

爱心大杂烩

哇——这绝对是足料的节奏呀！给猫咪做个大杂烩吧，它们绝对会爱吃到停不下来了呢！

材料：

牛肉馅	120克	鸡心	1个
虾仁	3个	低脂无盐干酪	1片
胡萝卜	1／2根	西蓝花	3小朵
骨粉	1勺		

做法：

1. 将胡萝卜、西蓝花洗净、焯熟后，切成小碎丁，装盘备用。

2. 将鸡心、虾仁洗净，切成小碎丁，装盘备用。

3. 锅里放少许油，开中火，待油热了以后，加入牛肉馅、鸡心、虾仁翻炒熟。

4. 将其他食材除干酪外倒入锅中翻炒，搅拌均匀后盛出。

5. 将干酪撕成小碎块，放入即可。晾凉后再给猫咪吃。

牛 肉 丸

"其实，主人们下次可以尝试做做撒尿牛丸哈！因为听着名字不错哦！"

材料：

牛肉馅	200克	鸡肉馅	100克
鸡蛋	1个	胡萝卜	1／2根
玉米淀粉	适量	香油	适量

做法：

1. 将胡萝卜洗净，切成碎丁。

2. 将牛肉馅、鸡肉馅、胡萝卜混合在一起，打入鸡蛋，加入玉米淀粉、香油，搅拌均匀后捏成小肉丸，装盘。

3. 锅里放水，大火烧开水后，将牛肉丸放入锅中隔水蒸熟即可。

4. 晾凉后，切成小块给猫咪吃。多余的食物可装入保鲜盒放入冰箱冷藏或冷冻。

牛肉面包拌猫粮

来顿西餐如何？亲爱的猫咪们，主人们可是多面手噢！

材料：

牛肉	1块	面包	3片
鸡蛋	1个	橄榄油	1勺
猫粮	适量		

做法：

1. 将牛肉洗净，切成小块，焯熟。

2. 锅里放油，开中火，将鸡蛋打散后，倒入锅中，煎成鸡蛋饼并切成小块。

3. 将面包撕成适合猫咪吃的小块，装盘，放入牛肉、鸡蛋、猫粮，搅拌均匀。

4. 晾凉后再给猫咪吃。多余的食物可装入保鲜盒放入冰箱冷藏或冷冻。

牛肉煎茄子

茄子和牛肉都是非常有营养的食物，猫咪们一定也会很喜欢吃的。

材料：

| 牛肉馅 | 150克 | 茄子 | 1根 |
| 鸡蛋 | 1个 | 橄榄油 | 适量 |

做法：

1. 将茄子洗净，切成0.5厘米厚的圆片，装盘备用。
2. 鸡蛋打入一个碗中，倒入牛肉馅，搅拌均匀，备用。
3. 锅里放油，将茄子两面煎到八成熟。
4. 将牛肉放在茄子上面，继续煎至牛肉熟了即可。
5. 晾凉后再给猫咪吃。

小贴士

　　茄子的营养比较丰富，含有蛋白质、脂肪、碳水化合物、维生素以及钙、磷、铁等多种营养成分。特别是维生素P的含量很高，每100克中含维生素P达750毫克，这是令许多蔬菜水果都望尘莫及的。维生素P能使血管壁保持弹性和生理功能，防止硬化和破裂。

鸡蛋牛肉羹

牛肉和鸡蛋富含蛋白质、氨基酸、矿物质，让猫咪在唇齿间感受香浓嫩滑的同时，让它们瞬间充满能量，有棒棒的精力和体力。

材料：

牛肉	1块	玉米粒	4勺
胡萝卜	1／2根	鸡蛋	2个
橄榄油	1勺	水	适量

做法：

1. 将牛肉洗净、切片；胡萝卜、玉米粒煮熟后，切碎。

2. 锅里倒入油，烧热，放入牛肉炒至变色后装盘。

3. 锅里倒入适量的水，烧开，将鸡蛋打成鸡蛋液倒入，搅拌成鸡蛋花。

4. 加入玉米、胡萝卜后，再次煮沸。

5. 将炒好的牛肉倒入锅中，搅拌均匀，再煮2～3分钟即可。

6. 晾凉后再给猫咪吃。

牛肉煎苹果

"苹果配牛肉？！主人，这是你的创意小发明吗？"

材料：

牛肉	1块	苹果	1／2个
白菜花	2小朵	西蓝花	2小朵
胡萝卜	1／3根	橄榄油	适量

做法：

1. 将牛肉、白菜花、西蓝花和胡萝卜洗净，切成适合猫咪吃的大小。白菜花、西蓝花和胡萝卜焯熟，装盘备用。

2. 苹果洗净、去皮，切成小块后用水泡好。将苹果皮、牛肉放入同一个盘中，拌入1勺橄榄油，腌制10～20分钟后，将苹果皮扔掉。

3. 锅烧热，放入少许油，加热至五成热时转中小火，倒入牛肉，煎炒至变色。

4. 将多余的油倒出，再把苹果、白菜花、西蓝花和胡萝卜倒入锅中翻炒，搅拌均匀后即可出锅。

5. 晾凉后再给猫咪吃。

牛肉生菜沙拉

大热天，不想好好吃饭，这便是一道不错的美食。

材料：

牛肉	1小块	生菜	1片
红柿子椒	1／2个	橄榄油	适量
酸奶	1个		

做法：

1. 将牛肉洗净、切成小段丝，加入半勺橄榄油腌制一下。
2. 锅烧热，放入橄榄油、牛肉，煎熟后，装盘备用。
3. 将生菜、红柿子椒洗净，切成小块后，拌入牛肉丝盘中，搅拌均匀。
4. 晾凉后，拌入酸奶再给猫咪吃。

牛心拌饭

如果猫咪最近身体比较虚弱，就给它们来一款牛心拌饭吧！

材料：

牛心	1块	胡萝卜	1／2根
四季豆	2把	米饭	1碗
开水	适量		

做法：

1. 将胡萝卜、四季豆洗净，用开水焯熟后，切碎。
2. 锅里放水，开中火，放入洗净的牛心，煮15～20分钟。
3. 将煮熟的牛心捞出，切成小块。
4. 把牛心、米饭、胡萝卜、四季豆盛入碗中，搅拌均匀。
5. 晾凉后再给猫咪吃。多余的食物可装入保鲜盒放进冰箱冷藏。

牛腰拌饭

牛腰富含蛋白质、维生素A、B族维生素、烟酸、铁、硒等营养元素哦，猫咪们吃了以后一定会变得精力旺盛的！

材料：

牛腰	1块	胡萝卜	1根
西葫芦	1／2根	米饭	1碗
葵花籽油	2勺		

做法：

1. 将胡萝卜、西葫芦洗净，切成小丁，装盘备用。

2. 去掉牛腰上的牛油，在牛腰上随意切上花刀，在水中浸泡30分钟。

3. 往锅里倒适量的水，水烧开后，将牛腰放入水中炖熟后捞出，切成小块。

4. 取一口干净的锅，开中火，放入少许葵花籽油，放入胡萝卜、西葫芦翻炒熟，再倒入牛腰块继续翻炒2~3分钟。

5. 关火，将米饭倒入锅中，搅拌均匀。

6. 晾凉后再给猫咪吃。多余的食物可装入保鲜盒放进冰箱冷藏。

131

牛肉杂粮饭

　　牛肉的汤汁鲜美，拌上蔬菜和土豆的香味，猫咪们一定无法阻挡此般诱惑。而且牛肉能预防贫血，营养又健康。如果是给老年猫咪吃这个牛肉杂粮饭，记得一定要将杂粮饭煮得软一点哦！

材料：

瘦牛肉	1块	土豆	1个
胡萝卜	1／2根	芦笋	3根
杂粮饭	1碗	橄榄油	1勺
开水	适量		

做法：

1. 把土豆、胡萝卜、芦笋洗净，切成丁。
2. 将牛肉洗净，切成小块。
3. 开中火，热锅，加入一勺橄榄油，将牛肉倒入锅中，炒至断生。
4. 加入土豆和胡萝卜，翻炒2分钟左右，加入开水，没过食材。
5. 大火煮开，撇去浮沫，改小火煮15分钟左右，放入芦笋，再煮5分钟后关火。

    6. 取适量菜加盖在杂粮饭上，搅拌均匀。

    7. 晾凉后再给猫咪吃。多余的食物可装入保鲜盒放进冰箱冷藏。

关于牛肉杂粮饭的
营养小知识

瘦牛肉：富含铁、脂肪酸的高蛋白食材，可以预防贫血，提升消化率。

胡萝卜：排除毒素，对于毛发、眼睛等都有好处。

土豆：帮助排便，能增加猫咪的饱足感。

芦笋：富含猫咪身体所需的多种氨基酸、蛋白质和维生素以及微量元素。

杂粮饭：富含膳食纤维，能帮助猫咪排毒。

牛肉炒鹅肝

牛肉配鹅肝，是不是太过肥腻？没关系，还有一堆的配菜呢！

材料：

牛肉馅	250克	煮熟的鹅肝	2块
圆白菜	3片	胡萝卜	1／2根
西蓝花	4小朵	橄榄油	1勺
开水	适量		

做法：

1. 将圆白菜、胡萝卜、西蓝花洗净，切成碎丁，装盘备用。
2. 热锅，开中火，放入橄榄油、牛肉馅，将其炒至变色。
3. 放入胡萝卜、圆白菜、西蓝花，继续翻炒。
4. 往锅里倒入适量的开水，炖一会儿。
5. 晾凉后，将煮熟的鹅肝切成小块，拌入。
6. 可以直接给猫咪吃，也可以拌饭给它们吃。多余的食物可装入保鲜盒放进冰箱冷藏。

燕麦牛肉拌饭

我想这道美食也一定非常受猫咪女士们的欢迎哦!

材料:

牛肉	1小块	彩椒	1／2个
土豆	1／2个	西红柿	1／2个
燕麦米	1／3碗	橄榄油	1勺
水	适量		

做法:

1. 燕麦米提前浸泡2～3小时后,把水倒掉,加入适量的水将燕麦米煮熟。

2. 将彩椒、土豆、西红柿洗净,土豆、西红柿去皮后,切成小碎丁,装盘备用。

3. 将牛肉洗净,切成小丁。开中火,热锅,倒入橄榄油,将牛肉倒入锅中,炒至断生。

4. 加入彩椒、土豆和西红柿,拌炒5分钟后关火。

5. 倒入燕麦米饭,搅拌均匀即可。多余的食物可装入保鲜盒放入冰箱冷藏。

牛肉四季豆炒饭

只需要几分钟的时间，主人们就能为猫咪做一道荤素搭配得刚刚好的美餐。

材料：

牛肉馅	200克	四季豆	1把
煮熟的鸡肝	1个	米饭	1／2碗
橄榄油	1勺	骨粉	1／2勺

做法：

1. 把油放入煎锅里加热，倒入牛肉炒至变色。
2. 加入洗净、切碎的四季豆，翻炒到四季豆变软。
3. 加入米饭、切碎的鸡肝、骨粉翻炒，搅拌均匀。
4. 晾凉后再给猫咪吃。多余的食物可装入保鲜盒放进冰箱冷藏。

特　餐

　　在特殊的日子里，是不是希望有猫咪和你们相伴一起，去感受新年的快乐、元宵节的热闹，去感受端午节划龙舟的乐趣、八月十五赏月的闲情……

　　猫咪除了感受到节日的浓浓气氛外，更感受到了主人对它们的一片心，一份爱。它们是家庭的一分子，而不只是你养的一只宠物。

　　来吧，热闹起来吧！欢腾起来吧！庆祝起来吧！在这美好的节日里，有你的日子更美好也更精彩！

鱼肉鲜虾水饺

俗话说："初一饺子，初二面。"春节的时候，几乎家家户户有吃饺子的习俗——如此新春佳节，给猫咪们也做一顿饺子，过个好年吧！

材料：

鱼肉	200克	鲜虾	10只
鸡蛋	1个	胡萝卜	1根
面粉	适量	温水	适量
橄榄油	1勺		

做法：

1. 将鱼肉洗净、去鱼刺，放入料理机打成鱼泥。虾去头、去壳、洗净、切碎。胡萝卜洗净、切碎。将这些食材都装入一个盘中，打入鸡蛋，搅拌均匀。

2. 面粉加水，揉搓成团，盖上湿布饧20分钟。

3. 将面团反复揉搓，搓成长条后，揪成小剂子，压扁，用擀面杖转圈擀，将其擀成饺子皮。

4. 加入馅料，包成饺子。

5. 大火烧开水后，将饺子下锅，搅拌后，盖上锅盖，煮熟即可。

6. 晾凉后再给猫咪吃。将多余的饺子用保鲜盒装好后放入冰箱冷冻，随吃随蒸。

小贴士

🐾 鱼最好选用刺少的鱼。

🐾 给猫咪吃的饺子要尽量包小一点，适合猫咪吃。

🐾 可以连着汤一并盛出给猫咪食用。

🐾 有时候鸡蛋的蛋白会引起猫咪消化不良，如果你家的猫咪比较敏感，建议主人们只选用蛋黄即可。这个建议适合于本书中的所有有鸡蛋的菜。

杂粮鳕鱼汤圆

元宵节，北方人喜欢吃元宵，南方人喜欢吃汤圆。那猫咪适合吃什么呢？元宵节的浓浓气息，主人们是不是忍不住要给猫咪们做一款专属于它们的汤圆呢？

材料：

杂粮饭	1／2碗	鳕鱼	1块
胡萝卜	1／2根	西蓝花	3小朵
青菜	1小棵	橄榄油	1勺
无盐海苔	2片		

做法：

1. 将胡萝卜、西蓝花、青菜洗净，焯熟后切碎。鳕鱼洗净，去鱼刺后切小块。

2. 锅里放油，开中火，倒入鳕鱼翻炒至变色后，加入胡萝卜、西蓝花、青菜和杂粮饭，搅拌均匀后关火。

3. 晾凉后，将无盐海苔剪成碎片拌入。

4. 将所有食材捏成小小的、圆圆的汤圆形状后，再给猫咪吃。

小贴士

　　猫咪是不适合吃汤圆的，所以这里我们就用鳕鱼
丸子代替汤圆给猫咪们吃了哦！我相信它们一定会
高兴得手舞足蹈，因为能与主人们一起分享节日的
快乐。

关于猫咪不适合吃汤圆小知识

猫咪是不能吃汤圆的。不管它们用多么期待的眼神看着你，主人们也绝对不能改变你的心意，这主要有以下4个方面的原因。

1. 汤圆太黏，可能会黏在猫咪的牙齿上

用糯米做成的元宵或者汤圆黏性很大，很容易黏在牙齿上。人类可以轻松清理干净，但猫咪却不能，黏在牙齿上的残渣不仅会让猫咪感到不适，还会引发一些牙齿疾病。

2. 汤圆可能会黏在猫咪的肠胃中

猫咪没有细嚼慢咽的习惯，吃下去的汤圆很容易黏在猫咪的喉咙甚至气管中，从而导致猫咪出现窒息的状况。

3. 汤圆不易消化

猫咪的肠胃相对来说比较脆弱，汤圆不太好消化，往往会滞留在肠胃中，引起猫咪不适。

4. 汤圆中的一些成分可能导致猫咪中毒

主人们吃的汤圆的馅料多种多样，有些馅料可能带有葡萄干、巧克力等成分，这些成分对猫咪来讲无异于毒药，千万不要给它们吃。而且过甜的馅料成分也会腐蚀猫咪的牙齿，非常不利于它们的身体健康。

大 肉 粽

端午节来啦！吃粽子的节日来临咯！让猫咪们也一起来庆祝一下这个节日吧！上粽子咯！

材料：

猪肉	1块	胡萝卜	1根
奶酪	适量	粽叶	适量
大米	适量	盐	少许

做法：

1. 将大米洗净，提前浸泡2小时。

2. 把胡萝卜、猪肉洗净，切成小碎块，装盘，加入奶酪和盐，搅拌均匀。

3. 取一片粽叶，中间向下对折成漏斗状，不能有缝隙。

4. 填入少量的大米后加入猪肉、胡萝卜等馅料，再覆盖上一层大米，将粽叶折一下，盖住大米及馅料，按紧。另取一片小粽叶对折，覆盖在这片包馅的粽叶上，折好，用线缠紧粽子后打好结。

5. 将包好的粽子放入锅里，加水没过粽子，大火烧开后，转小火再煮2小时即可。

6. 将粽叶取掉，切成小块，晾凉后再给猫咪吃。多余的粽子可以放入冰箱冷冻保存。

鸡肉红薯月饼

十五的月亮十六圆，想吃像月亮一样圆圆的月饼呢！主人们，动手做一款"心意月饼"给心爱的猫咪吧！它一定会觉得自己和月亮一样变得圆满了呢！

材料：

面粉	100克	淀粉	10克
羊奶粉	20克	橄榄油	1勺
鸡蛋	1个	红薯	1／2个
胡萝卜	1／2个	鸡胸肉	1块
水	适量		

做法：

1. 将红薯、胡萝卜洗净，蒸熟，用料理机打成泥，装盘备用。

2. 把鸡胸肉洗净，切成小碎块，煮熟，拌入红薯、胡萝卜泥中，搅拌均匀。

3. 将面粉、淀粉、羊奶粉、橄榄油、鸡蛋混合，加适量水揉成光滑的面团，盖上保鲜膜，醒15分钟。

4. 把面团搓成长条，揪成小剂子，把每个小剂子擀成面皮后，放入之前备好的鸡肉泥馅料，揉捏成饼状。

5. 用月饼模子，压成月饼状。

6. 放入已经预热好的烤箱，上下火，180摄氏度，烤20分钟。

7. 晾凉后，掰成小块，再给猫咪吃。

中秋月儿明！

小贴士

中秋来临，阖家团圆，吃月饼当然少不了猫咪的份呀！然而，高糖高油的月饼绝对不适合猫咪吃。所以，主人们来做一个无添加的猫咪月饼如何，既能让猫咪解馋，又能补充营养。但是这款月饼相较于主人们吃的月饼的存放时间短太多了，所以一次尽量不要做太多，而且要尽快吃完哦！

牛肉茄汁通心粉

秋高气爽的季节，是猫咪最喜欢的季节，也是开始贴秋膘的季节了哦！

材料：

牛肉馅	150克	通心粉	适量
西红柿	1个	橄榄油	1勺

做法：

1. 将西红柿洗净、去皮、切丁。

2. 锅里放水，大火烧开后，倒入通心粉煮熟后，捞起备用。

3. 另起一锅，倒入橄榄油，中火，倒入牛肉和西红柿，炒至西红柿出汁。

4. 把煮熟的通心粉倒入锅中翻炒，拌匀后关火。

5. 晾凉后再给猫咪吃。

冬日暖心粥

大冷天里，给猫咪们上一碗暖胃更暖心的粥绝对是个很棒的想法哦！

材料：

小米	30克	大米	30克
火腿肠	1根	白菜叶	2片
鸡蛋	1个		

做法：

1. 将大米、小米洗净后，倒入装有水的锅中，大火烧开后，改小火，继续熬。

2. 将白菜叶切成细小的碎丁，尽量切细，火腿肠切丁。

3. 将鸡蛋打散，并搅拌均匀。

4. 把火腿肠、白菜叶和鸡蛋液倒入煮粥的锅中，熬至米软烂即可。

6. 晾凉后再给猫咪吃。

小贴士

　　小米有健脾暖胃的功效，对猫咪的肠胃有很好的帮助，在熬粥的时候可不要漏掉哦！白菜叶等切得越细越好，以免猫咪在食用时挑出来。粥太烫容易烫伤猫咪的嘴巴，因此要记得等粥稍凉时再给猫咪吃。

肉类暖心粥

虽说冬天不宜吃太多肉，但可以给猫咪适当地多喝点肉类暖心粥哦！

材料：

牛肉馅	50克	燕麦片	1／2碗
高汤	1碗		

做法：

1. 将高汤煮沸，放入牛肉馅、燕麦片。
2. 将燕麦片煮到变软后关火。
3. 晾凉后再给猫咪吃。

小贴士

上面我们选用了牛肉，其实鸡肉、猪肉、鱼肉也是不错的选择，如果家里有别的蔬菜、水果，主人们也可以适当地加一点进去，享受一把DIY带来的乐趣吧！

猫咪生日蛋糕

猫咪的生日到了，这是主人们表达谢意的时候，虽然它们有时候也很淘气，但还是要谢谢它们带给我们的快乐和温暖，谢谢它们的爱和信赖。"生日快乐，我的猫咪小可爱！"

材料：

鸡胸肉	2块	巴沙鱼	1块
胡萝卜	1根	土豆	1个
鸡蛋	2个	面粉	适量
盐	少许	橄榄油	1勺

做法：

1. 将胡萝卜、土豆、鸡胸肉和巴沙鱼洗净后，切成小丁，装入盘中。

2. 加入鸡蛋、橄榄油和盐，搅拌均匀。

3. 筛入面粉，搅拌均匀。

4. 烤盘刷一层油，将食材倒入、铺平后，放入已经预热好的烤箱，上下火，200摄氏度，烤30分钟，烤到表面微微上色。

5. 用模具压出喜欢的形状，叠着放好，再插上小蜡烛即可。

154

6. 多余的食物可以切成小块，装在保鲜盒里放入冰箱冷藏或冷冻保存。

小贴士

虽说是蛋糕，其实猫咪吃的蛋糕和人类吃的蛋糕还是完全不一样的，猫咪们吃不了高糖高油高脂的东西，因为这些东西对它们的身体伤害很大。主人们完全可以选用猫咪们平时爱吃的食材来做一道美味的菜肴。其实，只要有主人们的爱，猫咪们每天都在过生日！

杂粮腊八粥

腊八节要到了，来碗热腾腾的腊八粥补补身子吧，小家伙们！

材料：

杂粮米	1把	猪肝	50克
胡萝卜	1／3根	无盐紫菜	2片
骨粉	1／2勺	水	适量

做法：

1. 将杂粮米洗净后，提前泡一个晚上。
2. 锅里放水，将杂粮米倒入后，煮成粥。
3. 将猪肝、胡萝卜洗净，切成碎丁，倒入粥锅中，加入骨粉、撕碎的无盐紫菜，搅拌均匀后，继续煮5～10分钟。
4. 晾凉后再给猫咪吃。

小贴士

👣 可以将里面的猪肝换成别的鱼肉、牛肉或猪肉等，里面的蔬菜也可以替换。

👣 杂粮米可以选用大米、糙米、燕麦米、红豆、薏米、黑米、小米中的任意两种或几种。

鸡　汤

当猫咪情绪低落或是不太舒服的时候，主人们就可以给它们来一碗鸡汤，保证提神醒脑，还能让猫咪们精力充沛哦！

材料：

鸡腿肉	1个	山药	1小段
香菇	2朵	枸杞	3～4颗
骨粉	1勺	水	适量

做法：

1. 将鸡腿肉洗净、切块，山药去皮、洗净、切块，香菇洗净、切丁。

2. 用开水先将鸡腿肉焯掉血水后取出，用水再洗一下。

3. 在炖锅里倒入水，烧开后，将鸡腿肉、山药、香菇、枸杞、骨粉放入后炖1小时，关火。

4. 晾凉后，连汤带料盛出给猫咪吃，也可以拌入米饭后再给猫咪吃。

鲫鱼豆腐汤

猫妈妈们最需要的一款催奶"神器"吧！如果家里有新成员出生的话，主人们有这一招，一定能让小家伙们喝妈妈的奶喝到直打饱嗝呢！

材料：

鲫鱼	1条
豆腐	1块
橄榄油	适量
开水	适量

做法：

1. 将处理好的鲫鱼洗净，锅里放适量油，中火，将鲫鱼放入，煎至两面呈金黄色。将多余的油倒出。

2. 锅里倒入开水，大火烧开后，加入豆腐，转小火慢炖30～40分钟。

3. 关火后，将汤汁和豆腐盛出，晾凉后再给猫咪吃，也可以拌入米饭后再给猫咪吃。

小贴士

鲫鱼肉质细嫩，甜美，营养价值高。但是因为鲫鱼的刺比较多，所以尽量不要直接给猫咪吃，或可以炖得更烂，把鱼骨炖软了，将其放入料理机中打成碎末后再给猫咪拌饭吃。

猫咪不能吃的食材

洋葱、葱、韭菜、蒜

这类食材会破坏猫咪体内红细胞的成分，引发贫血、血尿、黄疸等病症，过多食用，严重时还可能会导致猫咪死亡。

螃蟹等甲壳类动物

食用甲壳类动物能引发猫咪体内维生素B_1缺乏症，对消化也不好，尤其是甲壳类，由于硬壳会对猫的肠胃及食道造成严重伤害，因此主人们在用完餐后，一定要收拾好剩下的食物，以防猫咪偷食。

鸡骨和鱼骨

鸡骨和鱼骨在进入猫咪的消化器官后，经常会出现弄伤消化器官的情况。因此，请尽量选择不尖锐的骨头给猫咪吃，如颈骨。

辣椒、胡椒等香辛料

刺激性强的香辛料会刺激猫的肠胃，容易导致腹泻，并会依消化吸收的程度，增加猫咪肝或肾脏的负担，因

此，主人们请勿给猫咪食用香辛料。

巧克力、可可类食物

可可中所含的可可碱，会对猫的心脏与中枢神经系统带来负面影响，从而引起中毒，进而可能导致猫咪呕吐、痉挛、腹泻、休克和急性肾衰竭，严重的可能会致其死亡。因此，主人们绝对要避免喂食猫咪此类食物。

酒精类饮品和食物

此类饮品和食物很可能会引发猫呕吐、腹泻或者意识不清的状况，并对内脏造成沉重负担。

咖啡、红茶、绿茶

它们含有的咖啡因会导致猫咪中毒症状，会引起猫咪呕吐、痉挛、腹泻等现象。

生肉

生肉不易消化，还会影响猫咪对钙的吸收，降低其骨密度。而且生猪肉里面有可能会含有弓形虫等病菌，如果生吃会对猫咪的健康有影响。

生蛋白

可以喂猫吃生蛋黄，但是生蛋白是引起维生素H缺乏症的原因。因此，主人们一定要将蛋白煮熟后再喂给猫咪吃。

牛奶

很多猫咪喝了牛奶会出现腹泻等症状，那是因为它们消化不了。所以，最好给猫咪喝猫咪专用的奶粉、羊奶粉或是婴儿奶粉。